U0059460
大都會文化
METROPOLITAN CULTURE

大都會文化
METROPOLITAN CULTURE

大都會文化
METROPOLITAN CULTURE

大都會文化
METROPOLITAN CULTURE

Home Spa & Bath

肌膚的天然水嫩體驗

來場愉悅、舒展身心的香氛沐浴　回復妳最自然、青春的細緻肌膚

雪莉・考茲、艾達・華倫／著　李怡萍／譯

目錄 CONTENTS

前　言

現代人的生活總是緊張忙碌，壓力似乎永遠於其脫離不了關係，但我們還是得找機會為自己製造一個愉快的情境——浴室就是一個可開始著手進行的好地方。

沐浴時間是一個可以讓人遠離塵囂、卸除武裝，使身心徹底放縱的輕鬆時刻。因為渴望每天能讓心靈放鬆，所以我們著手自製手工香皂；因為在市面上找不到符合自己需求的產品，例如兼具保濕、健康和香味獨特的香皂，因此決定自己動手做。

製作屬於自己的香皂，或者乳霜、洗髮精、按摩油和刮鬍水等沐浴和SPA產品，能讓你享受天然、無負擔的感觸，而精油等產品，則可達到全面性的身心舒暢，讓肌膚和感官獲得精緻享受。我們在書中介紹了多種自身最愛的製作方法，希望能幫助讀者們自己動手做。

書裡介紹的製作方法很適合家人們在任何時刻一起動手做，這是本書的最大特色。其中還介紹多種早晨淋浴使用的產品——因為晚霜在經過昨夜的睡眠已產生出魔力，今早若能做個香噴噴的淋浴，更能加強活力，迎接一整天的挑戰。另外，更有兒童專用的洗髮精、適合男性使用的香皂、乳霜和刮鬍用品，以及從頭到腳皆可使用的乳液，甚至還有專為特殊身心狀況的人，量身訂作的產品，例如靜脈曲張或曬傷。

最重要的是，這些產品的味道，絕不會像百貨公司一樓專櫃小姐介紹的那些產品一樣刺激。本書使用的芳香精油，質地溫和、保存了天然香味，能撫平你和旁人的情緒。

我們兩位都很喜歡自己親手種的香草植物，這些植物不只可以用來做香皂，還可以入菜。秉持著做菜的精神來做香皂，再加上十足的興趣，所以只要一有新發明，親朋好友們都樂於當白老鼠，讓我們做實驗。希望所有讀者也能從中得到跟我們一樣的樂趣。這裡所介紹的方法都不難，千萬不要害怕嘗試，一旦學會了這些步驟，並了解各個精油的特性，你就能融會貫通，創作出專屬自己的產品。

第一篇　基本知識

1

香皂和沐浴的歷史

個人清潔的起源，可以追溯到史前時代。由於水是生活不可或缺的物質，史前人類逐水而居，懂得水有潔淨的功能，也知道水可以洗掉手上的污泥。

在挖掘古巴比倫遺跡時，考古學家在圓柱形陶瓶裡發現了狀似香皂的東西，這是香皂最早出現的考古證據，時間為西元前2800年。陶瓶上的銘文指出，古人是將脂肪和灰一起燒煮而製出香皂。另外，也有文獻記載，古埃及人有按時洗澡的習慣，西元前1500年的醫藥文獻《埃伯斯紙草文稿》（Ebers papyrus）描述了如何將動物脂肪、植物油和鹼性鹽（alkaline salt）混合，製造出香皂的過程，並將香皂用來洗潔，和治療皮膚疾病。

古希臘人沐浴是基於美學的理由，而且很顯然地，他們並不使用香皂，他們用的是陶塊、沙子、浮石和灰來清潔身體，再將油塗在身上，然後用一種叫做刮身器（strigil）的金屬工具，將油和污垢統統刮乾淨。

隨著羅馬帝國日漸文明，沐浴方式也同樣趨於文明。羅馬最早的澡堂建於西元前312年，有水管引導、供應源源不絕的水，相當奢侈豪華，而洗澡也變成當時很普遍的事。根據羅馬的傳說，香皂（soap）這個名稱，是從一個叫做沙坡山（Mount Sapo）的地方而來的，那裡是人們將動物獻祭的地方，常常有動物的脂肪和木頭灰燼的混合物，兩者經雨水沖刷後，沉積在臺伯河岸的黏土層。當時的婦女發現用這個混合物來洗東西，去污效果特別好。

西元467年，羅馬滅亡後，洗澡習慣日益式微，其原因主要是公共澡堂不衛生。由於不注重個人清潔，大大地助長了中世紀迅速蔓延的黑死病，直到十七世紀，洗澡才在歐洲許多地方，再度蔚為風尚。但是中世紀時期，還是有某些地方的人們將洗澡視為重要的事，例如當時的日本人就有每天洗澡的習慣，而冰島人最喜歡聚集的地方，就是溫泉池。

西元七世紀，香皂的製作已成為一項專業的工藝，香皂製造公會嚴格把關，不准技術外流。於是，漸漸地便有各種用途的香皂問世，如刮鬍子用、洗髮用、洗澡用和洗衣用等等。義大利、西班牙和法國是最早的香皂製造集中地，原因是這些地方的原料供應充足，例如橄欖油；英國人則是在十二世紀才開始製作香皂。好幾年來，香皂製作一直是家庭主婦的雜務之一，漸漸地，專業香皂製造工人開始以香皂做為交換，挨家挨戶搜集廚餘廢油。而香皂製作真正邁向大規模生產，是從1791年開始，當時一位法國藥劑師尼可拉斯．盧布朗（Nicholas Leblanc）發現了利用普通的鹽，製造出碳酸鈉的方法，並取得專利權。氫氧化鈉，或碳酸鈉，是一種含在灰裡面的鹼，與脂肪混合後便能製成香皂，盧布朗利用自創的製造方法，大量地製造出高品質又便宜的氫氧化鈉。

然而到了十九世紀，香皂在很多國家被當做奢侈品，課以重稅。當重稅免除後，香皂就成了家家戶戶的一般用品，而衛生清潔的觀念在世界各地也日益受到重視。

近兩百年來的科學新發現，使香皂製造成為全世界成長最快的工業。同時，用途廣泛的香皂，也從奢侈品搖身一變成為生活必需品。

製作香皂是件簡單易學，且非常有趣的事。香皂即是將油，或是油的混合物，通常是酸性物質，加上氫氧化鈉的鹼溶劑和水（也就是鹼水），一起混合。這個化學作用稱為「皂化」，是製造香皂最基本的一個過程，也就是所謂的「冷製法」。接著是製作香皂的原理，每種產品的製作方法都有詳細步驟可供遵循，你也可以翻到第26頁查看基本技巧。

製作原理

精確的測量

本書所提供的方法，指定使用特定份量的材料，包括油、氫氧化鈉和礦泉水。香皂製造過程中，影響成敗的最重要因素，就是油和鹼水是否以精確的份量混合。

皂化

油脂和鹼水混合，所產生的化學變化過程，就叫做「皂化」。在皂化過程中，鹼水裡的鹼已變成中性，因此雖然香皂是由氫氧化鈉製造出來的，但一旦成熟（cured）後，氫氧化鈉這個物質就已消失了。

酸鹼值

這是測量物質為酸性或鹼性的數值。人的皮膚略呈弱酸性，酸鹼值為pH5.5，而大部分冷製香皂的酸鹼值為pH 8到9之間。測量酸鹼值的方法是使用石蕊試紙，若香皂測出來的酸鹼值超過10，表示鹼性太強，應棄之不用。市面上有些香皂會添加某些化學物質使其降低鹼性，變成中性，但事實上，這些化學物質對人體造成的傷害，有時還比高鹼性的香皂來得可怕。

濃稠狀

濃稠狀是指混合液已攪拌到合適的狀態。此時混合液若被攪拌器劃過或滴到少量肥皂液，會留下線條或痕跡（trace）。當混合液到了這個階段，便可以加入精油、藥草或是種籽來增加其獨特性。

凝固

當香皂液到入模子中後，需要放置一段時間使其凝固。蓋上厚紙板後，必須放在溫暖乾燥的地方，凝固的時間除了因香皂的種類、特性而異之外，而且還跟其他因素有關，如室內溫度和使用材料等。基本上，香皂在入模後24到48小時會變硬，可以脫模。到了這個階段，可輕易地將香皂切成塊狀。

成熟期

將香皂拿出來、切好之後，需再放置至少四個星期才能使用。放置的這段時間可讓香皂中殘餘的氫氧化鈉（或鹼水）轉變成中性，有時還會使香皂外觀改變，例如表面形成白霧狀（見第30頁）。記得時常將香皂換面擺放，使乾燥程度得以平均。

使用工具

一般工具

書中介紹的製作方法，其所需的工具，廚房幾乎都有，但是最好還是特別準備一些「香皂專用」的器皿，例如平底鍋、碗等。

・碗

準備一些量碗，用來測量氫氧化鈉和油的重量。最好是塑膠碗，才不致於被氫氧化鈉腐蝕。

・厚紙板

以厚紙板蓋住香皂模子，方便放至隔夜。也可以將硬的厚紙板拿來當砧板用。

・刀子

你需要一把銳利的刀來切割香皂，可使用切起司的刀，但容易彎曲變形。若想要製作特殊形狀的香皂，也可以使用餅乾切模。

・有蓋子的暗色或不透明容器

乳霜或按摩油需要裝入有蓋的玻璃瓶子儲存。使用暗色的或不透明的瓶子，以防止陽光照射而變質。

・防油紙和剪刀

需要用剪刀剪幾張防油紙，鋪在塑膠香皂模子裡。

・溫度計

製作香皂時，溫度計（Jam thermometers）是用來測量油脂和鹼水的溫度。最好有三個溫度計，一個測量油脂，另一個測量鹼水，最後一個備用。

・秤

製作香皂時需要用精準的秤。電子秤是最好的選擇，因為有些材料的份量需在5公克以下。

・量杯

最好準備兩個量杯，一個用來量油脂，另一個量水。最好使用塑膠量杯，因為金屬杯會被腐蝕。

・烘焙用刷子

用其在香皂模子裡刷上一層油。

・塑膠水桶

用來稀釋氫氧化鈉的水桶一定要用塑膠桶，因為金屬桶會被腐蝕，而且最好使用高一點的水桶，以免鹼水濺出來。

・塑膠模子

可以買香皂專用模子，但其實只要一般的塑膠容器就足夠使用了。

・橡皮刮刀

在攪拌鹼水和皂液時，用橡皮刮刀才不至於遭腐蝕。也可以用木質湯匙，但用不了多久就會被腐蝕而壞掉。

・湯匙

不銹鋼湯匙可用來攪拌加熱的油脂。木質湯匙則用來將水和油攪拌混合，以做成乳霜狀。

・不銹鋼鍋

加熱油脂用，需要用厚底型的不銹鋼鍋。簡單的香皂製作不需要用到雙層鍋。

・不銹鋼攪拌器

要將乳霜和皂液攪拌至濃稠狀時，需要使用大的不銹鋼攪拌器。

防護工具

製作香皂過程中，可能會發生危險的狀況是在處理氫氧化鈉、鹼水和尚未成熟的香皂時，或在切割香皂時也有可能發生。以下的工具就是用來保護我們的身體和衣物。

・圍裙

耐用、品質好的圍裙可用來防止衣物濺到化學物品。

・口罩

在混合氫氧化鈉和水的同時，會產生有毒氣體，戴口罩可避免吸入。

・手套

在處理氫氧化鈉和鹼水時，一定要戴手套來保護手部，而且這個時候需要戴橡膠製的手套，通常是穿上長袖衣物後，再戴上。在切香皂以及讓香皂翻面時，則戴乳膠製手套較方便，因為此時你的手需要細緻地動作。要記得香皂一直到成熟之前，都具有腐蝕性。

・護目鏡

在製作香皂的整個過程中，都要戴著護目鏡。護目鏡在五金材料行就可以買到。

・醋

做香皂時，需要隨時準備一瓶醋。一旦不小心被鹼性的化學物品濺到皮膚時，可用醋來中和，再以水來洗淨。

安全第一

製作香皂雖然簡單又好玩，但畢竟牽涉到鹼性物質、高溫和化學作用等，因此遵守安全措施是非常重要的：

- 穿戴好防護衣物：護目鏡、口罩、圍裙和長的橡皮手套。
- 若不慎誤食氫氧化鈉，要立即送醫。
- 處理鹼性化學物質時，記得要戴護目鏡。化學物質一噴到皮膚會造成疼痛，噴到眼睛更不得了，一旦噴到則要立即用冷水沖洗，並掛急診就醫。
- 製作過程中，皮膚一旦沾到化學物質，請先用醋來沖洗，再用水清洗。
- 氫氧化鈉必須存放在密閉容器裡，並標示清楚，放置在小孩或寵物無法碰觸的地方。
- 在製作過程中，不要讓小孩子或寵物接近。
- 製作香皂的工具禁止和廚房工具共用。
- 平底鍋裡殘餘的香皂要小心刮乾淨（戴橡膠手套），再用袋子裝起來丟到垃圾桶裡。
- 小心清洗所有的工具。
- 記得看好任何一個香皂鍋子，最好找朋友一起合作，不要一個人動手。

材　料

書中所使用的基本材料，在一般的化工材料行、超市和藥局都買得到，而香草植物則可到健康食品專賣店採購。

基底油

市面上有很多油種可以用來當香皂、按摩油或乳霜的基底油。當我們在做香皂時，通常會加一些潤膚油，像是橄欖油、椰子油、甜杏仁油，和酪梨油，然後再加棕櫚油，因為棕櫚油可以增加香皂的硬度。如果你做香皂已經做出心得了，你也可以自己嘗試混合其他的油種來實驗。使用不同的油種，鹼水的份量也會不同，因為每種油的皂化程度不同。

・酪梨油 (Avocado oil)

酪梨油含有豐富的維他命A、D和E，對龜裂皮膚的復原有極佳的效果，它能癒合受損細胞，使細胞再顯活力。

・蜂蠟 (Beeswax)

在製作香皂和乳霜的過程中會加入蜂蠟。可直接使用不加工的蜂蠟（黃色蜂蠟），但它的顏色會滲進香皂裡，一般會使用去色後的蜂蠟，這樣做出來的香皂會是白色的。蜂蠟用在乳霜中的功用，是使其他的油變得更濃稠、更有黏性。

・金盞花油 (Calendula oil)

金盞花油具有溫和抗菌的功用，能清潔撫平並癒合傷口，使皮膚柔軟光滑。

・可可脂 (Cocoa butter)

可可脂具有保濕功能，也能讓皮膚柔軟。

・椰子油 (Coconut oil)

在室溫下呈現固態，具有非常好的保濕效果，能使香皂產生泡泡。

・*月見草油* (*Evening primrose oil*)

可防止皮膚老化。

・*橄欖油* (*Olive oil*)

橄欖油可防止人體水份散失，也能讓皮膚柔嫩保濕。

・*棕櫚油* (*Palm oil*)

棕櫚油也是從椰子樹提煉出來的，和椰子油一樣都屬固態狀的油，但它稍呈乳狀，質地較軟。

・*橄欖渣油* (*Pomace oil*)

這是橄欖油第二或第三次榨出來的油，比純橄欖油略為便宜。

・*玫瑰果油* (*Rosehip oil*)

是天然的防腐劑，也可用來製作洗髮精。

・*葵花油* (*Sunflower oil*)

能製造出泡沫穩定的香皂。

・*甜杏仁油* (*Sweet almond oil*)

具有調理和滋潤肌膚的作用，能讓皮膚柔軟光滑。

・*維他命E油* (*Vitamin E oil*)

防止皺紋產生。

・*小麥胚芽油* (*Wheatgerm oil*)

適合用來製做洗臉用的香皂，質地非常溫和。

其他必要材料

以下的材料都是製作香皂時不可或缺的材料，在化工材料行或健康食品專賣店都可以買到。

・*氫氧化鈉* (*Caustic soda*)

氫氧化鈉是一種鹼，用來混合酸性的油脂而產生香皂。由於具有腐蝕性，因此製作出來的香皂，需要最少四個星期的成熟期，直到氫氧化鈉中和為止。氫氧化鈉可在五金材料行或化工材料行（DIY shop）買到，要確定買到的氫氧化鈉純度至少是95%。

・*死海海鹽* (*Dead Sea salt*)

做沐浴鹽和去角質保養品所使用，最好是用死海的海鹽，因為它比其他海鹽質地精純。用馬爾敦（Maldon）牌的海鹽片也可以，只是其磨砂效果稍差。

・*甘油* (*Glycerine*)

香皂加入這種清澈、滑潤的油，可以增加濕潤成份。在化工材料行就可買到。

・礦泉水 *(Mineral water)*

水也是製作香皂不可缺少的材料，其主要功用，是溶解氫氧化鈉，以產生鹼水。最好使用純水，礦泉水或瓶裝的蒸餾水都是很好的選擇。

・伏特加酒 *(Vodka)*

書中某些配方需要用到伏特加酒。因為它含有最純的酒精成份，並具有良好的毛孔清潔和肌膚調理效果。

・金縷梅 *(Witch hazel)*

這是一種具收斂效果的清澈液體，藥房可以買到。

額外材料

添加以下材料是為了使香皂或沐浴產品散發迷人的香味，或使觸感更佳，讓自製的spa沐浴產品，提供最高貴的享受。

・乾燥的花朵和種籽 *(Dried Flowers and seeds)*

乾燥的花瓣加到香皂裡，可讓香皂增加斑點或紋路，還有些微的磨砂效果。金盞花和洋甘菊就是不錯的選擇。一般通常會在香皂加入芥菜籽，以增加磨砂效果，也可以加入乾燥的香草植物。

・精油 *(Essential oils)*

精油不僅讓自製的香皂更香，當中的某些成份對身心

健康更有幫助，請見第22-25頁，有精油特性的介紹。精油在多數的專賣店都可買到，每種精油的價格也各異。精油相當濃純，只需加一點點就夠了，一般都是加幾滴；精油必須裝在蓋子緊閉的瓶子裡，並存放在陰涼的地方。不純的精油絕對不要使用。

・海藻 *(seaweed)*

海藻對於改善膚質功效卓越，可以在健康食品店買粉狀的海藻。我們兩人蠻喜歡用日本海藻，因為它不但能增添香皂的質感，且深具療效。

精油介紹

每種精油都有刺激感官和提振精神的特質，而且還可舒緩症痛。

月桂 (Bay)

一種具有振奮作用的精油，能提升記憶力、專注力和自信心，對於胃部不適也有療效，還能治療感冒，舒緩感冒引起的症狀。

安息香 (Benzoin)

有著類似香草味道的迷人精油，具有鎮靜作用，能解決失眠、焦慮、憂鬱和現實生活不適症等問題。對於氣喘、咳嗽、感冒、發冷，甚至凍瘡，都具有卓越的療效。

佛手柑 (Bergamot)

從柑橘皮萃取出來的精油，具有提振精神的作用，能舒緩焦慮和壓力。

黑胡椒 (Black pepper)

可刺激神經系統，振奮心靈，還能暖化肌肉，進而減緩關節炎、肌肉疼痛和扭傷等症狀。

雪松 (Cedarwood)

是很好的皮膚調理油，尤其用來治療皮膚乾裂的效果良好。它還被用來治療咳嗽，特別是久治不癒的乾咳；也常拿來和柑橘精油一起使用，能治療沮喪、安撫神經，並消除緊張。雪松不僅能深層地放鬆人們緊張的神經，還具有催情的功效，男女都適用。

羅馬洋甘菊 (Chamomile,Roman)

具有鎮定效果，對任何疼痛都具不錯療效，特別是小孩子。其鎮靜效用能對付焦慮、睡眠問題和易怒情緒，當然對於關節炎、神經痛、頭痛、偏頭痛和胃痛等問題的療效，更不在話下。

肉桂 (Cinnamon)

有溫暖、殺菌的功效。由於它能刺激和舒緩情緒，因此常被當作溫和的催情劑。

快樂鼠尾草 (Clary sage)

具有鎮定作用，特別適用於那些靜不下來的人。另外，它還能治療女性經前症候和經痛，也可解緩肌肉疼痛、陣痛和夜間盜汗，而且對於改善膚質也頗具療效。

尤加利 (Eucalyptus)

可放鬆精神，減輕咳嗽、感冒症狀、消除肌肉酸痛和關節炎，並加強免疫力、治癒頭痛、鼻竇炎、蚊蟲咬傷，還可以驅除蚊蟲。

乳香 (Frankincense)

具有鎮定作用，能治療失眠問題和焦慮，讓內心寧靜無爭。可用來對付咳嗽和氣喘。加在面霜裡，對於乾燥老化的皮膚具有極佳的回復效果。

天竺葵 (Geranium)

具有振奮精神的作用，能穩定起伏的情緒，還能舒緩產後憂鬱症和經前症候群的症狀。也常被用在美容保養品上，因為一般膚質都能適用。另外，天竺葵還有很好的驅蚊效果。

薑 (Ginger)

溫暖具刺激性，適合用於肌肉痠痛、關節炎、扭傷、拉傷等問題，還能舒緩咳嗽、感冒症狀，並加強免疫力，同時對於如噁心、暈車等胃部問題也有療效。

葡萄柚 (Grapefruit)

能帶來清新活力，同時也具催情的特性，適合用於油性或充血的皮膚，對於沮喪和疲勞能產生提振效用。

杜松果 (Juniper berry)

這種精油最大的特色就是解毒，因此常用來治療關節炎、解宿醉、消水腫和撫平橘皮組織，還能清除那些阻礙你的情緒包袱，價值非凡。

薰衣草 (Lavender)

這個精油似乎是萬靈丹，可以用來舒緩灼傷、燙傷、曬傷、關節炎，以及任何跟「熱」有關的問題。它有冷卻效果，可以消除濕疹、去除粉刺，治蚊蟲咬傷、螫傷、頭蝨、瘀青、頭痛、暈眩、偏頭痛、頭昏和扭傷，以及各種疼痛。

檸檬 (Lemon)

適合用來治療嘴邊濕疹、肉疣、香港腳、丘疹等。它也是一種具有提振作用的解毒油，可用來撫平橘皮組織、痛風、關節炎、感冒、流感及傳染病。若結合另一種具有鎮定作用的精油一起使用，則可治療夜間作噩夢的毛病，對小孩子尤其有效。

檸檬香茅 (Lemongrass)

有振奮精神、恢復疲勞的作用，能治療多汗症、香港腳、肌肉痠痛、血液循環不佳和頭蝨問題，還有助於肌肉結實。

萊姆 (Lime)

也是屬於有提振作用的柑橘類精油，散發出的香氣會刺激唾液分泌。

柑桔 (Mandrin)

味道香甜可口，有提振作用，因此自然可用在治療胃部疾病。小孩子特別喜歡這種精油，在焦慮小孩的肚子上，以順時針方向按摩（精油當然要先稀釋過），會有不錯的效果。還能消除傷疤、減輕經前症候群，還可增強食慾，尤其是在病後初癒時。

山雞椒 (May chang)

有提振作用，對於消除沮喪和治療冬季憂鬱症有很大的幫助。

沒藥 (Myrrh)

香氣濃郁，有一種溫暖的木頭氣味，適合對付悲傷、憤怒、封閉的心情，並使內心平靜。另外，它還能治療香港腳等黴菌感染的疾病，對於治療氣喘、咳嗽、牙齦感染、鵝口瘡等更是效果卓越，同時也能提升免疫力，有很強的抗菌作用。

廣藿香 (Patchouli)

一種很好的皮膚調理油，可用來治療香港腳、粉刺、頭皮屑和濕疹。它還有驅蟲效果，也常被當作催情劑，或對抗沮喪。另外，只要一小劑量，就可對付昏睡的毛病。

薄荷 (Peppermint)

當頭痛或偏頭痛的症狀一出現，可用這種刺激性的精油來治療。它還可以使肌肉溫熱、減輕疼痛、舒緩感冒、咳嗽和流感，還可以治療腸絞痛、胃痙攣和頭昏等問題。

苦橙葉 (Petitgrain)

這種油常用來治療冬季憂鬱症，能幫助病後的恢復，還可用來對抗神經疲勞、輕度沮喪、神經衰弱，以及過度自責的心理。另外還能治療粉刺和油性肌膚。

迷迭香 (Rosemary)

它的用途和薰衣草一樣廣，可治頭皮屑、頭蝨、靜脈曲張、疥瘡，以及肌肉酸痛、關節炎、風濕病、橘皮組織、血液循環不佳、消化不良、支氣管炎、百日咳、咳嗽、感冒、流感、衰弱、頭痛、記憶力衰退、神經痛等等。

鼠尾草 (Sage)

只要很少的劑量，就可達到舒緩、抗菌的功效。對於肌肉和關節有很好的療效，還能減少出汗。

甜橙 (Sweet orange)

有提振作用，能治療緊張和沮喪，對於靜不下來的人很有幫助。

橘子 (Tangerine)

屬於柑橘類，清淡，能振奮精神、恢復疲勞，又能帶給人愉快的感覺。

茶樹 (Tea tree)

有抗菌、抗濾過性病毒和抗細菌等功用，是廣為人知的特性。另外，它還能對抗黴菌感染、鼻黏膜炎、鼻竇炎、胸腔感染、口腔潰爛、疣、香港腳、丘疹、瘡、蚊蟲咬傷、膀胱炎和鵝口瘡。對病後復原也很有幫助，甚至是對付休克症狀。

百里香 (Thyme)

若傳染病正在流行，此時最適合點百里香精油。它可治療感冒、咳嗽和流感，並能舒解頭痛、疼痛、坐骨神經痛和扭傷。

依蘭依蘭 (Ylang ylang)

這種帶有花香和異國風情的精油，常被用來舒緩壓力、沮喪、恐懼，以及憤怒（特別是那種隨著挫折感而來的），還能對付高血壓、休克、突來的恐慌和心悸。另外，對於一般皮膚的保養也頗具功效，更有催情作用。可將它和柑橘類精油混合，讓味道轉淡後，更能提振精神。

使用精油需知

精油是濃縮的產品，它雖然對人體有益，但它的強度和作用絕不容小覷。本書建議使用精油來製作各式產品，而所介紹的方法是以大多數人適用爲原則。若有特殊的體質，或在服藥、懷孕期間，在使用精油之前需要徵詢醫師的意見，若使用不當，可能會造成傷害。

- 未經稀釋的精油絕不能擦在皮膚上，薰衣草除外，因爲它可以小劑量使用。
- 精油不可食用。
- 避免接觸到眼睛。
- 若是過敏性的膚質，請先詢問過醫師再使用。
- 放在小孩子碰觸不到的地方。
- 做完日光浴或室內日光燈浴，至少12個小時後才能使用柑橘類精油（佛手柑、葡萄柚、檸檬、萊姆、柑桔、甜橙、橘子）。

基本技巧

本書中介紹的每個方法都有完整的步驟指示，但若能在動手做之前，先將整個圖片和步驟看過，對你會更有幫助，也更能了解所有技巧。

香皂製作：冷製法

本書採用冷製法來製作香皂，這是最天然的方法，不添加任何化學藥劑。一般市售的香皂通常是用動物油脂做的，並添加合成香料、顏料和防腐劑，因此它會使皮膚乾燥、刺激。事實上很多人都覺得自己對所有香皂過敏，其實他們只要使用自製的天然溫和、有療效的香皂，就完全不會出問題。現在就照著我們的步驟，讓你親身體驗其中的差異。

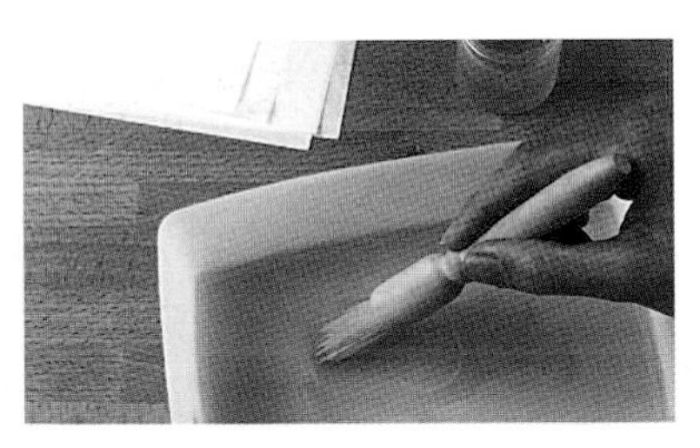

1、用刷子蘸些許葵花油，將塑膠模子稍微刷一下，你可以買現成的模子，但其實塑膠的食物保鮮盒就很好用了。將模子的底部和四邊鋪上防油紙，使四周平整，可以多抹一些油來將空隙黏緊。

2、先量好固態油的份量，然後放進厚底的不銹鋼鍋，接著再量液態油，也加入鍋裡。

3、用溫火加熱這些油脂，並使用不銹鋼湯匙或橡皮刮刀攪拌，直到油脂均勻混合為止。

事前準備

製作香皂有點像作菜，兩者似乎都讓人覺得難踏入門檻。和作菜一樣，開始做香皂時，最好將所有材料和工具都準備妥當，例如基底油、做鹼水的材料、精油、藥草、種籽和花瓣等，都要事先量好份量準備就緒，這樣才不會在緊要關頭時手忙腳亂，甚至出了差錯。

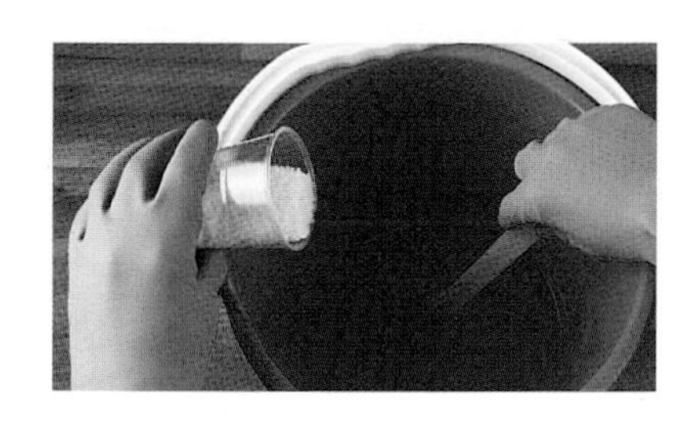

4、室內需通風良好，一定要戴護目鏡、口罩、橡皮手套和圍裙。將氫氧化鈉裝入塑膠碗裡量好份量，放置一旁。在水桶裡加入定量的礦泉水，再將氫氧化鈉小心地倒入礦泉水裡，此時會有煙冒出來，接著用橡皮刮刀攪拌到完全溶解為止。這時候的氫氧化鈉混合液（鹼水）會變得很燙。

5、在鹼水冷卻的同時，隨時用溫度計測量溫度。可將水桶放在水槽中，然後在水槽中注入冷水，幫助鹼水降溫，當鹼水的溫度接近預定的溫度時，再將油加熱或冷卻到相同溫度。記得鹼水和油同樣都必須達到相同溫度，你需要用兩枝溫度計分別來測量。

6、當油和鹼水都達到正確的溫度時，將鍋子移開瓦斯爐，然後將鹼水倒入油中，以攪拌器攪拌均勻，直到呈現濃稠狀為止。也就是舀起一匙皂液再倒下時，皂液表面會留下線條狀。攪拌時間不一定，可能需要十分鐘，也可能要一小時，依所使用的油而定。書上這個皂液呈濃稠狀態時所需的時間為二十分鐘。

7、這時可將精油、藥草、花瓣或種籽加入，並攪拌均勻。

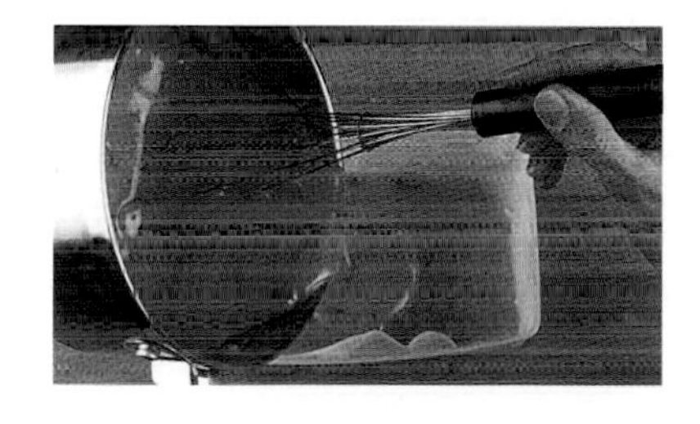

8、將皂液倒入準備好的模子裡，並放置在安全且溫暖乾燥處，同時蓋上厚紙板，靜待24小時。

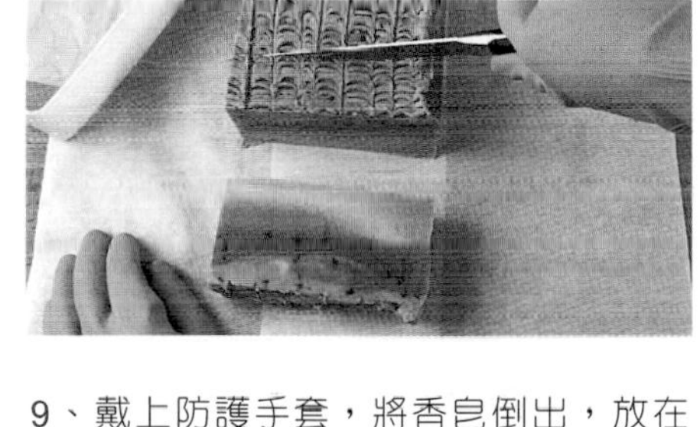

9、戴上防護手套，將香皂倒出，放在防油紙上。用刀子將香皂切成一塊塊，放在盤子上，並用防油紙蓋好。記得留空隙以便通風，然後將盤子放置在溫暖乾燥處讓香皂成熟。時間大約要四個星期，記得隨時翻面，以防乾燥不完全。

另一種方法是用餅乾切模器來做造型香皂。當香皂倒出後，只要將切模器平穩地壓在香皂上做出造型，接著按上述方法讓香皂成熟。

製作藥草浸液

本書介紹的方法時常使用到藥草浸液。用藥草浸液來調理皮膚，效果也非常棒，而且不需花大錢，只要用花草來浸泡，例如金盞花、萊姆、接骨木或洋甘菊，就可以泡出效果極佳的化粧水。雖然它僅能使用幾天，不過，儘管奢侈地使用吧！也可以加入等量的金縷梅液，成為略有收斂效果的化粧水，對正常皮膚、混合或油性膚質都適用。

1、 抓兩把花朵放入碗裡，然後倒入600毫升的熱開水（不一定要那麼精確），蓋好蓋子放置待涼。

2、 將花渣過濾掉，然後放入冰箱。你若確實將花渣濾掉，這浸液還可以用來洗髮，清涼又有效。

製作乳霜

製作乳霜不會用到化學物質，因此沒有特別需要注意的事項。只要像煮飯一樣，穿好圍裙和保護衣物，並小心熱油和熱水。自製的乳霜不添加防腐劑，因此每次做的份量不用太多，並在一個月內用完。可以的話，最好將乳霜放在冰箱冷藏，或儲放在陰涼的地方。

1、量出所需份量的油，放入不銹鋼鍋裡，用小火加熱，輕輕攪拌，直到油完全融化。

2、將定量的水加入鍋裡，用攪拌器或用木湯匙將油和水混合，直到混合液變稠並呈現乳狀。

3、將鍋子從瓦斯爐移開，繼續攪拌到乳狀物冷卻至室溫，接著再將精油混入。

4、裝入玻璃瓶裡蓋緊蓋子，輕輕搖晃，讓乳霜冷卻，以免油、水分離。

製作保養油

本書介紹的一些簡單方法，如36頁的「活力按摩油」，或88頁的「百里香安眠油」，都不需要什麼複雜的技術。只要依指示的量，取所需份量的油，倒入有蓋子的適當容器裡，輕輕搖晃，直到混合均勻即可。

製作沐浴鹽

沐浴鹽的作法很簡單，而且不含化學物質。沐浴鹽須於二個月內用完。

1、將所有油混合在一起，接著加入死海海鹽攪拌。

2、將沐浴鹽裝入暗色有蓋的玻璃瓶裡使用。

疑難雜症

別擔心！我們都常發生一些莫名奇妙的小災難，有些可以及時挽回，但有些只得重做了。

無傷大雅的小問題

以下這些瑕疵會讓香皂看起來不是那麼漂亮，但仍可以使用。

・太軟

如果香皂太軟而無法切成塊，可能是你的氫氧化鈉加太少了，或是純度不夠（至少要95％）。可以試著放久一點，讓它再多放幾個星期乾燥後再切塊。

・破碎

這是因為香皂冷卻得太快了，或是混合時的溫度過低。這種香皂雖然不太好看，但還是可以用。記得測試一下酸鹼值，以防萬一。

・表面有白色薄膜

這沒什麼好擔心的，只是一些碳酸鈉殘留而已。可以把薄膜刮掉，讓香皂更美觀。

・表面有油脂

表面有些許油脂是因為皂液攪拌時間不夠，油脂隨時間沉澱。或者，可在將香皂切塊時，也將油脂切掉，但要測試一下酸鹼值，因為失去太多油脂會讓香皂具有腐蝕性。

・無法變濃稠

某些油脂所需的皂化時間較長，例如特級橄欖油（extra-virgin olive oil），因此需要持續攪拌。如果攪拌一個小時仍然沒有濃稠，可能是因為鹼水在溫度過低時倒入了油裡。這恐怕得重做了。

・不產生作用

有時皂液在加了某種精油之後會突然變稠，特別是加了丁香。要小心這點，但不需過於擔心，只要立即將皂液倒入模子裡就好。如果表面不平，就用刀叉將它舖平，像在舖奶油蛋糕一樣。

必須丟棄的大問題

如果你的香皂出現以下的狀況，恐怕沒救了，千萬不要再拿來使用。

・出現水泡

這是因為攪拌不勻，但更嚴重的問題是香皂可能已具腐蝕性，不能使用了。

・表面形成一層厚油

這個問題通常是因為攪拌時間不夠，或是製作時溫度急遽下降。如果有太多油分離出來，那麼香皂的腐蝕性就會變高，必須丟棄。

・大量白色粉末

這是因為加了太多氫氧化鈉的緣故，代表香皂的酸鹼值過高，因此得丟棄。

・太脆

同樣是因為加太多氫氧化鈉所致，這表示香皂也必須丟棄了。

第二篇　神清氣爽

2

艷陽香皂

材料

花葵和洋甘菊各一把
310 ml礦泉水
225 ml葵花油
225 ml橄欖渣油或橄欖油
200 g椰子油
100 g氫氧化鈉
10 ml佛手柑精油
6 ml甜橙精油
6 ml依蘭依蘭精油
3 ml橘子精油

工具

一般工具（見第16頁）
防護工具（見第18頁）
過濾器
木質砧板
盤子

作法

1 在通風良好的室內製作，將模子塗上油，並用防油紙鋪好。

2 將礦泉水燒開，製作洋甘菊和花葵浸液（見第28頁），待涼後將花渣過濾，並保留起來。

3 將葵花油、橄欖渣油和椰子油放入大型不銹鋼鍋，用小火加熱融化。

4 穿戴好保護工具：護目鏡、口罩、圍裙和長橡皮手套。將藥草浸液倒入塑膠桶中，接著加入氫氧化鈉，用橡皮刮刀攪拌，使之溶解。

5 準備兩枝溫度計，一枝測油，一枝測氫氧化鈉混合液（鹼水），注意兩邊溶液的溫度是否達到35.5℃。繼續穿著防護衣物，當兩者溫度皆達到35.5℃，立刻將鹼水倒入油裡，持續用橡皮刮刀攪拌約15分鐘，這時會發現皂液變稠了。

6 舀幾匙皂液起來，並滴在皂液表面，形成明顯痕跡時，即到達濃稠的標準。這時就可以加入精油攪拌均勻，再加入花渣讓香皂有紋路，持續攪拌使之分佈均勻。

7 將皂液倒入預先準備好的模子裡，在安全且溫暖乾燥的地方放置24小時，並用硬紙板蓋住以防熱氣進入。

8 再戴上長手套，因為此時香皂仍有腐蝕性。將香皂倒出來，放在已鋪了防油紙的木質砧板上，撕開防油紙，然後用刀子或餅乾切模來切成喜歡的形狀。如果香皂太軟而無法切塊，就再放24小時。在盤子舖上防油紙，將切好的香皂按間隔距離排放，然後將盤子放在溫暖乾燥且不受日照的地方，等待四個星期使之成熟。千萬要記得時時翻面。

這個作法簡單的香皂，是以葵花油和橄欖渣油為基底油作成。橄欖渣油是橄欖油壓榨過程的最後產品，它會加快皂液濃稠的時間。若在超市買不到橄欖渣油，也可以使用一般的橄欖油來代替。加椰子油是為了使香皂起泡泡，以及增加濕潤。混合的柑橘精油包括了在清晨讓你提神醒腦的佛手柑，以及有豔陽氣息的甜橙。刺激嗅覺的依蘭依蘭可讓你煥然一新，一整天都保持好心情。

充滿熱情活力的葡萄柚和柑桔混合精油，能讓你在一大早就神清氣爽，而且隨時散發清新的香氣。薰衣草和柑桔精油能改善敏感膚質，而且這個按摩油油還有驅蚊的功效，適合夏日或出國度假時使用。

活力按摩油

材料

250 ml甜杏仁油
5滴葡萄柚精油
10滴柑桔精油
2滴薰衣草精油

工具

有蓋子的暗色或透明玻璃瓶

作法

1. 將所有材料倒入玻璃瓶裡，輕輕搖晃，使之充分混合。若使用透明的玻璃瓶，則要存放在不受日照的地方，以免精油變質。
2. 清晨將精油塗抹在肌膚上，想像著你正在一片薰衣草花香中甦醒，地中海的微風輕輕吹拂，同時遙望眼前的一片杏仁和柳橙園。

注意

如果你對堅果嚴重過敏，就不能使用甜杏仁油，可以換成葡萄籽油或葵花油。
如果你可能會在陽光下活動，就不要使用柑橘類精油，否則皮膚會對陽光過敏。

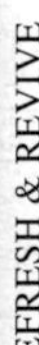

清新香皂

材料

200 ml橄欖渣油或橄欖油
100 ml甜杏仁油
75 ml葵花油
65 g椰子油
60 g棕櫚油
25 ml金盞花油
40 g蜂蠟
65 g氫氧化鈉
230 ml礦泉水
7 ml萊姆精油
5 ml甜橙精油
5 ml山雞椒精油
2 ml乳香精油
20片乾燥金盞花瓣

工具

一般工具（見第16頁）
防護工具（見第18頁）
木質砧板
盤子

作法

1 在通風良好的室內製作，將塑膠模子塗上油，並用防油紙鋪好。

2 將橄欖渣油、甜杏仁油、葵花油、椰子油、棕櫚油、金盞花油，和蜂蠟一起放入大型不銹鋼鍋，用小火加熱至融化。

3 穿戴好護目鏡、口罩、圍裙和長橡皮手套。將礦泉水倒入塑膠桶中，接著加入氫氧化鈉，用橡皮刮刀攪拌，使之溶解。

4 準備兩枝溫度計，一枝測油，一枝測氫氧化鈉混合液（鹼水），注意兩邊溶液的溫度是否達到55℃。

5 繼續穿著防護衣物，當兩者溫度皆達到55℃，立刻將鹼水倒入油裡，持續用橡皮刮刀攪拌約15分鐘，此時會發現皂液變稠了。

6 舀幾匙皂液起來，並滴在皂液表面，若形成明顯痕跡，就表示到達濃稠標準。這時可以加入精油攪拌均勻，再加入金盞花瓣，並持續攪拌，使之分佈均勻。

7 將皂液倒入預先準備好的模子裡，此時皂液已經濃稠了，可以在表面製造出圖案。拿叉子在上面製造出波浪的圖案，先從一個方向開始，然後再換一個方向，或者你可以自己設計圖案。

8 放置在溫暖乾燥的地方，用硬紙板蓋住以防熱氣進入。24小時後，將香皂倒出來，放在已鋪了防油紙的木質砧板上，此時香皂仍有腐蝕性，因此仍要戴上長手套，再將香皂上的防油紙撕開，用刀子切成一塊一塊，每塊約重100克。在盤子鋪上防油紙後，將切好的香皂排放好，接著將盤子放在溫暖乾燥且沒有日照的地方，等待四個星期使之成熟，記得偶爾要翻面。

一早醒來使用這個香皂，便有精力迎接世界。這個香氣逼人的香皂，內含保養皮膚的精油，更棒的是在使用後，不需要再使用保濕產品。金盞花精油和甜橙精油有復原作用，可以讓肌膚一整天都有絲質般的滑嫩感。幾世紀來一直為人們愛用的乳香精油，具有抗菌作用，能中和惡臭。而萊姆和山雞椒則有恢復精力的功效，讓你在清晨沐浴時，增添一股異國情調。

酪梨油和甜杏仁油混合而成的健康精油，對一般肌膚而言都有極佳的滋潤效果。另外還添加了檸檬和天竺葵精油，不僅要讓肌膚回復青春活力，更因它們的香氣，使你精神為之一振。如果你很愛曬太陽，就將檸檬換成薰衣草精油（請見第24頁有關柑橘類精油的說明）。

加強保濕乳霜

材料

40 ml甜杏仁油
20 ml酪梨油
15 g蜂蠟
30 ml礦泉水
2滴檸檬精油
1滴天竺葵精油

工具

不銹鋼鍋
木質湯匙
有蓋子的暗色或透明玻璃瓶

作法

1. 將所有油一起放入厚底不銹鋼鍋裡加熱至融化。將水加溫，然後倒入油裡輕輕攪拌。
2. 將鍋子移開瓦斯爐，繼續攪拌讓它冷卻至不燙手的溫度。接著加入精油，充分攪拌，使成為柔滑的乳霜。
3. 將乳霜舀入玻璃瓶，搖晃至完全冷卻，否則油、水會分離。若使用透明的玻璃瓶，則需存放在沒有日照的地方。

芥末籽香皂

材料

200 ml特級橄欖油
100 ml葵花油
65 g棕櫚油
60 g椰子油
25 ml甜杏仁油
40 g蜂蠟
65 g氫氧化鈉
230 ml礦泉水
10 ml檸檬香茅精油
6 ml萊姆精油
2 ml迷迭香精油
2滴安息香精油
2湯匙的芥末籽

工具

一般工具（見第16頁）
防護工具（見第18頁）
木質砧板
盤子

作法

1 在通風良好的室內製作，將塑膠模子塗上油，並用防油紙鋪好。

2 將橄欖油、葵花油、棕櫚油、椰子油、甜杏仁油和蜂蠟一起放入大型不銹鋼鍋，用小火加熱至融化。

3 穿戴好護目鏡、口罩、圍裙和長橡皮手套。將礦泉水倒入塑膠桶中，然後加入氫氧化鈉，用橡皮刮刀攪拌，使之溶解。

4 準備兩枝溫度計，一枝測油，一枝測氫氧化鈉混合液（鹼水），注意兩邊溶液的溫度是否達到55℃。這時應繼續穿著防護衣物，當兩者溫度達55℃時，將鹼水倒入油裡，用橡皮刮刀均勻攪拌。

5 繼續攪拌至濃稠狀（舀幾匙皂液起來，並滴在皂液表面，若形成明顯痕跡，即達濃稠標準）。此時可以加入精油，然後再加入芥末籽，充分攪拌。

6 將皂液倒入預先準備好的模子裡，並用硬紙板蓋住，然後放在安全且溫暖乾燥的地方24小時。

7 戴上長手套，將香皂倒出來，放在已鋪了防油紙的木質砧板上，用刀子切成一塊一塊。接著在盤子鋪上防油紙後，將切好的香皂間隔開來排放，並置於溫暖乾燥、不受日照的地方四個星期，並定時去翻面。

8 在忙碌的一天開始前，或是晚上外出前使用，將使你有充沛的活力。

假日最佳選擇

檸檬香茅和萊姆精油都有防蟲效果，很適合在夏季或外出度假時使用。

這是男女都愛且香味最棒的沐浴香皂。萊姆和檸檬香茅，能恢復身體活力，是最受歡迎的精油組合，而迷迭香則能喚醒你的感官。檸檬香茅對全身能產生刺激作用，並有抗菌、除臭的特性，迷迭香則可使人精神一振。它們能讓身心所有感官都甦醒過來，幾世紀來一直廣為人們使用。另外，讓人欣喜的莫過於香皂中還添加芥末籽，只要輕輕摩擦，便能讓粗糙皮膚變得更光滑。

對很多男人而言，悠閒地拿著刮鬍刷、肥皂碗來刮鬍子的時代已不在。到了現代，刮鬍子成了每天洗澡的一部分，因此我們可以來做一個極具保濕效果的誘人香皂。它是由具潤膚作用的酪梨油，與提神醒腦的雪松和快樂鼠尾草精油所製成。雪松和快樂鼠尾草別具堅果香氣，而且有調理皮膚的功效，這兩種精油都有催情作用，讓你充滿男性魅力，自信地出門。

柔膚刮鬍皂

材料

250 ml橄欖油
75 ml酪梨油
60 g椰子油
40 g棕櫚油
40 g蜂蠟
25 g可可脂
65 g氫氧化鈉
230 ml礦泉水
13 ml快樂鼠尾草精油
6 ml雪松精油

工具

一般工具（見第16頁）
防護工具（見第18頁）
木質砧板
盤子

作法

1. 在通風良好的室內製作，將塑膠模子塗上油，並用防油紙舖好。
2. 將橄欖油、酪梨油、椰子油、棕櫚油，加上蜂蠟和可可脂，一起放入大型不銹鋼鍋，用小火加熱至融化。
3. 穿戴好護目鏡、口罩、圍裙和長橡皮手套。將礦泉水倒入塑膠桶中，然後加入氫氧化鈉，用橡皮刮刀攪拌，使之溶解。
4. 準備兩枝溫度計，一枝測氫氧化鈉混合液（鹼水），一枝測油，注意兩邊溶液的溫度是否達到55℃。持續穿著防護衣物，當兩者溫度達55℃時，將鹼水倒入油裡，用橡皮刮刀攪拌，使其充分混合。
5. 持續攪拌至濃稠狀（請見第14頁），然後加入精油一起攪拌均勻。將皂液倒入預先準備好的模子裡，再用橡皮刮刀在表面輕輕劃成漩渦狀，或是讓它保持平滑亦可。
6. 接著放在安全且溫暖乾燥的地方24小時，用厚紙板蓋好以免熱氣跑進去。之後再戴好手套，將香皂倒出來，放在已舖了防油紙的木質砧板上，用刀子切成條狀，或用餅乾模子做成圓形。接著在盤子舖上防油紙後，將切好的香皂按距離隔開排放，置於溫暖乾燥、不受日照的地方四個星期，記得偶爾要去翻面。

肥皂碗

你如果有刮鬍子專用的肥皂碗，就以一般方式製作香皂，等它凝固之後，再將它切成圓形，比碗小一點點即可。

黑胡椒，一聽就知道具有強烈的刺激作用，在做運動之前用這個暖身按摩乳，效果不錯。添加具有提振精神的迷迭香按摩乳，可讓你集中注意力，使肌肉和關節能在運動中發揮最大的效果，並減輕運動之後的酸痛和僵硬。這個產品就是幫助暖身以及避免疲勞，是運動員不可或缺的神奇乳霜。

暖身按摩乳

材料

50 g椰子油

30 ml甜杏仁油

15 g蜂蠟

15 g可可脂

60 ml礦泉水

7 ml迷迭香精油

3 ml黑胡椒精油

工具

不銹鋼鍋

木質湯匙

有蓋子的暗色或透明玻璃瓶

作法

1. 將椰子油、甜杏仁油，和蜂蠟、可可脂，一起放入厚底不銹鋼鍋裡，用小火慢慢加熱至融化。接著加入礦泉水，並用木湯匙攪拌至平滑的乳霜狀。
2. 將鍋子移開瓦斯爐，繼續攪拌，讓它冷卻到不燙手的溫度，然後加入精油繼續攪拌。
3. 將乳霜舀入玻璃瓶，搖晃至完全冷卻，如此，油、水才不會分離。若用透明玻璃瓶裝，則需存放在沒有日照之處。
4. 使用這個按摩乳按摩之後，就能隨時準備接受任何形式的體能挑戰了。

哇！薄荷！若說有一種精油能讓人渾身是勁，那一定是指這個。薄荷具有涼爽、清新和提振精神的特性，可同時對身體和精神產生刺激作用，讓你精力充沛，邁開大步，準備迎接挑戰。這個乳霜特別添加一點百里香精油，不僅能抗菌，還能消除疲勞，所以不適合睡前使用喔。

清涼護足霜

材料

50 g椰子油

30 ml金盞花油

15 g蜂蠟

15 g可可脂

60 ml礦泉水

8 ml薄荷精油

2 ml百里香精油

工具

不銹鋼鍋

木質湯匙

有蓋子的暗色或透明玻璃瓶

作法

1. 將椰子油、金盞花油，和蜂蠟、可可脂，一起放入厚底不銹鋼鍋裡，用小火慢慢加熱至融化，然後加入礦泉水用木湯匙攪拌。
2. 將鍋子移開瓦斯爐，持續攪拌使其到不燙手的溫度。接著加入精油繼續攪拌，直到變成平滑的乳霜狀。
3. 將乳霜舀入玻璃瓶，搖晃至完全冷卻，使油、水不會分離。若用透明的玻璃瓶，則需存放在不受日照的地方，以免精油變質。
4. 每天一早使用這個乳霜按摩腳部，或是晚間出門跳舞前使用。倘若你也和我們一樣喜愛這個味道，其實也可用來按摩全身，你的肌膚將會感覺清涼有勁。

洗髮專用皂

材料

700 g橄欖油
90 ml甜杏仁油
60 g蜂蠟
55 g椰乳
270 ml礦泉水
6把蕁麻葉
113 g氫氧化鈉
22 ml佛手柑精油
8 ml薰衣草精油
8 ml檸檬香茅精油

工具

一般工具（見第16頁）
防護工具（見第18頁）
過濾器
木質砧板
盤子

作法

1 在通風良好的室內製作，將模子塗上油，並用防油紙舖好。

2 將礦泉水燒開，製作蕁麻葉浸液（見第28頁），待涼後將葉渣過濾出來，切細之後保留起來。

3 將橄欖油、甜杏仁油和蜂蠟、椰乳放入大型不銹鋼鍋，用小火加熱，以不銹鋼湯匙攪拌，不要讓椰乳在鍋底結塊。

4 穿戴好護目鏡、口罩、圍裙和長橡皮手套。將蕁麻浸液倒入塑膠桶中，然後加入氫氧化鈉，用橡皮刮刀攪拌，使之溶解。

5 準備兩枝溫度計，一枝測油，一枝測氫氧化鈉混合液（鹼水），注意兩邊溶液的溫度是否達到55℃。繼續穿著防護衣物，當兩者溫度達55℃時，將鹼水倒入油裡，持續用橡皮刮刀攪拌。

6 一直攪拌到皂液變濃稠（舀幾匙皂液起來，並滴在皂液表面，若形成明顯痕跡，即達濃稠標準）。這時再加入精油，使混合均勻。接著再加入切細的蕁麻葉一起攪拌。

7 將皂液倒入預先準備好的模子裡，在安全且溫暖乾燥的地方放置24小時，並用硬紙板蓋住以防熱氣進入。

8 再戴上長手套，將香皂倒出來，放在已舖了防油紙的木質砧板上。將香皂上的防油紙撕開，用刀子或餅掉切模來切成喜歡的形狀。先在盤子舖上防油紙，再將切好的香皂間隔排放，接著將盤子放在乾燥且不受日照的地方，等待四個星期使之成熟，記得偶爾要翻面。

用蕁麻浸液洗髮，能讓秀髮有光澤，並獲得滋潤。這個香皂的主要成份是用蕁麻嫩葉和礦泉水泡成的浸液，另外加上佛手柑、薰衣草和檸檬香茅精油製成，可刺激頭皮，防止頭皮屑和頭皮剝落，同時散發愉悅的柑橘芳香。

現代男人對於使用保濕產品，已不再像以往那麼排斥了。這個保濕面霜含有月桂、雪松和快樂鼠尾草精油，是專為男性設計的一流產品。香味在皮膚上不會過於濃烈，而且能持久。月桂有極佳的癒合和抗菌效果，能撫平修面過後所造成的皮膚發炎，而且它散發出的辛辣、陽剛味道，非常適合男性。另外添加的藥草浸液，可根據不同膚質選擇適當的藥草來使用。洋甘菊對發炎紅腫的皮膚很有幫助；金盞花適用於混合性肌膚；接骨木花適合泛黃皮膚使用，而香蜂草或萊姆花則各種膚質都適用。

型男保濕面霜

材料

一把乾燥花朵，例如：洋甘菊、金盞花，或是接骨木

20 g蜂蠟

20 ml玫瑰果油

40 ml甜杏仁油

10滴快樂鼠尾草精油

4滴雪松精油

2滴月桂精油

工具

量杯

過濾器

不銹鋼鍋

木質湯匙

有蓋子的暗色或透明玻璃瓶

作法

1 用300 ml的熱開水（見第28頁），將乾燥花朵製作成藥草浸液，並將花渣過濾掉，放涼待用。

2 將蜂蠟放入不銹鋼鍋裡加熱至融化，再加入玫瑰果油和甜杏仁油，用木質湯匙攪拌均勻後，一點一點地慢慢加入40 ml的藥草浸液。

3 將不銹鋼鍋移開瓦斯爐，再繼續攪拌，使冷卻到不燙手的溫度，再將精油加入一起攪拌。

4 將攪拌好的乳霜倒入玻璃瓶子裡，蓋緊瓶蓋，再搖晃瓶子，直到乳霜完全冷卻，如此才不至於讓乳霜的油、水分離。將透明的玻璃瓶存放在沒有日照的地方，以防精油變質。

5 在清晨或睡前使用，好好保養你的臉。

市面上有很多種，刮完鬍子後所使用的潤膚水，但若想好好呵護肌膚，最好了解產品的內容。或者，更好的辦法是動作做適合自己的產品。這個潤膚水所含的精油，不但具療效，更有一股持久卻不濃烈的香味。可以完全照著以下的建議來製作，或根據建議的份量，自行調配出個人喜愛的精油產品。

鬍後潤膚水

材料

25 ml伏特加酒

250 ml金縷梅

3滴月桂精油

3滴萊姆精油，或25 ml伏特加酒

3滴佛手柑精油

3滴雪松精油

工具

有密封蓋的暗色或透明瓶子

作法

1 將所有材料倒入暗色或透明的玻璃瓶裡混合，並將蓋子蓋緊。若使用的是透明玻璃瓶，記得存放在沒有日照的地方，以免精油變質。

2 使用之前要先均勻搖晃，然後再倒一點在手上，輕輕拍打皮膚。

特殊療效

月桂精油有抗菌、殺菌的作用，而萊姆有清新涼爽的香味，能振奮精神。佛手柑精油能使人情緒高昂，保證能讓你渾身是勁、笑容滿面；雪松精油特別適合用在男性保養品上，其抗菌、收斂的特色，加上帶有陽剛氣息，也常被當做催情劑使用。

金縷梅不只具有滋潤、收斂的作用，還具有鎮定效果，能快速安撫情緒。潤膚水所需要的清涼刺激感全都來自伏特加酒，所以只要買便宜的牌子即可。

注意

柑橘類精油會使皮膚對陽光過敏，若你經常曝曬在陽光下，就不要使用柑橘類精油。

包裝巧思

將香皂或沐浴產品用色彩明亮的絲帶包裝起來，讓它們看起來更漂亮。還可以將柔軟的毛巾和精緻的香皂包在一起，使這個禮物更別緻。

用棉紙、玻璃紙和薄紗來包裝，會使它們看來顯得格外搶眼，而有皺摺的瓦楞紙不僅能保護玻璃瓶，更是與眾不同的裝飾，特別是再綁上一片乾燥的水果，絕對能吸引目光。

第三篇　百般呵護

3

夏天是展現美腿的時候，但如果你有以下問題，反而會令你難堪，如皮膚粗糙、腳跟龜裂、趾甲變色……還需要繼續舉例嗎？這個時候，就必須採取激烈的手段來消滅所有障礙。使用美足按摩鹽，不僅能改變那難看的雙腿，連腳丫的味道都可以改善。

美足按摩鹽

材料

100 g甜杏仁油
8滴檸檬精油
4滴茶樹精油
2滴沒藥精油
200 g馬爾敦牌海鹽片

工具

攪拌用的碗
湯匙
有蓋子的暗色或透明玻璃瓶

作法

1 將甜杏仁油和所有精油混合，再加入海鹽一起攪拌。接著倒入暗色玻璃瓶，若使用透明玻璃瓶則需放置在沒有日照的地方，以確保香氣不散失。

2 在使用按摩鹽之前，先將腳洗淨，並在溫水中泡五分鐘，以軟化腳部皮膚。將腳擦乾後，舀出約一個手掌份量的按摩鹽，將腳放在臉盆或浴缸中，以免弄髒浴室。接著按摩雙腳，特別注意有硬皮的地方。之後用溫水將鹽沖洗掉，並用毛巾輕拍乾，如此雙腳就完全不一樣。記得穿上棉襪，以免到處踏滿自己油膩的腳印，而且穿上棉襪還可以讓油脂滲進皮膚，產生滋潤作用。

照顧你的雙腳

檸檬精油對腳部有很大的幫助，微量使用能讓皮膚更白、恢復光采，而且它也能修復斷裂的趾甲、消除疣和雞眼，同時刺激血液循環，並降低身體的酸性值——導致痛風的原因。茶樹有很強的抗菌效果，和檸檬混合後，是最具魔力的香味組合。加入幾滴沒藥精油，會讓按摩鹽增加額外功效，因爲沒藥具抗黴菌的特性，特別適合炎熱的天氣使用。

注意

懷孕婦女不可使用沒藥精油。製作本產品時，不要添加沒藥精油，其他則不變。

男性月桂香皂

材料

一把月桂葉

225 ml葵花油

225 ml橄欖油

200 g椰子油

100 g氫氧化鈉

310 ml礦泉水

11 ml佛手柑精油

8 ml月桂精油

5 ml廣藿香精油

3 ml肉桂精油

工具

一般工具（見第16頁）

防護工具（見第18頁）

木質砧板

盤子

作法

1 在通風良好的地方製作，將模子塗上油，並用防油紙鋪好。

2 若你沒種月桂樹，可以到超市買新鮮或乾燥的月桂葉。將一把份量的月桂葉切細，將葉脈切掉。

3 將葵花油、橄欖油和椰子油放入大型不銹鋼鍋，用小火加熱至融化。

4 穿戴好護目鏡、口罩、圍裙和長橡皮手套。將礦泉水倒入塑膠桶中，然後加入氫氧化鈉，用橡皮刮刀攪拌，使之充分溶解。

5 準備兩枝溫度計，一枝測油，一枝測氫氧化鈉混合液（鹼水），注意兩邊溶液的溫度是否達到35.5℃。繼續穿著防護衣物，當兩者溫度達35.5℃時，立刻將鹼水倒入油裡，持續用橡皮刮刀攪拌，一直到皂液變稠了（舀幾匙皂液起來，並滴在皂液表面，若形成明顯痕跡，即達濃稠標準）。

6 這時再加入精油和切細的月桂葉，攪拌均勻。

7 將皂液倒入預先準備好的模子裡，在安全且溫暖乾燥的地方放置24小時，並用硬紙板蓋住，防熱氣進入。

8 再戴上長手套，將香皂倒出來，放在已鋪了防油紙的木質砧板上，將香皂上的防油紙撕開，用刀子切成塊。先在盤子鋪上防油紙，再將切好的香皂按距離排開，好讓香皂透氣。接著將盤子放在乾燥且不受日照之處四個星期。在成熟的過程中，要偶爾去翻面。

本人要將這個香皂獻給牙買加裔的紐約人，伊娃．法蘭屈。她那加勒比海式的悠閒生活情趣，非常令艾達佩服，因而製作這個香皂來紀念她。月桂葉溫暖濃厚的味道，是月桂香水的精華，而月桂香水也是西印度群島的傳統男用古龍水。在古希臘時代，運動競賽冠軍者都必須戴上月桂冠，因此，將這個香皂獻給你心目中的英雄——丈夫或男友，就更相得益彰了。這塊香皂除了有新鮮的月桂葉，還添加月桂、佛手柑、肉桂和廣藿香精油，充份散發出清新、十足男子氣概的香味。

腳部並非全身最有魅力的地方，但卻不能沒有它，因此需謹遵下面建議：每天花時間放鬆你的雙腳，再用按摩乳按摩。這瓶按摩乳除了含有加倍保濕的基底油外，還包含了檸檬香茅、鼠尾草和迷迭香精油。鼠尾草可對付出汗問題，而迷迭香可提神醒腦，這兩種精油還有減輕疼痛的特別功效。檸檬香茅則有迷人的清新香氣，能刺激循環系統，還具抗菌、殺菌的強效。

腳部放鬆按摩乳

材料

15 g蜂蠟
15 g可可脂
50 g椰子油
30 ml甜杏仁油
60 ml礦泉水
6 ml檸檬香茅精油
2 ml鼠尾草精油
2 ml迷迭香精油

工具

不銹鋼鍋
木質湯匙
有蓋子的暗色或透明玻璃瓶

作法

1 將椰子油、甜杏仁油，和蜂蠟、可可脂，一起放入厚底不銹鋼鍋裡，用小火慢慢加熱至融化，然後加入礦泉水，用木湯匙攪拌均勻，直到形成平滑的乳霜狀。

2 鍋子移開瓦斯爐，繼續攪拌到不燙手的溫度，接著再加入精油一起攪拌均勻。

3 將乳霜舀入有密封蓋的玻璃瓶，搖晃至完全冷卻，如此油、水才不會分離。若用透明玻璃瓶，則需存放在沒有日照的地方。

腳部按摩

在忙完一天之後，腳部最棒的享受就是將它抬高。最好是躺下，將腳貼牆抬到高於心臟的位置，並穩穩地撐住，如此可以幫助血液和淋巴系統的循環，還能消除腫漲、減輕足部壓力。另外，再用手指或手輕輕地往心臟方向按摩，更能增強抬腿所產生的效果。

據說西非婦女會把薑綁在丈夫的腰帶上，以回復他們的男性雄風。這算是這個產品名稱的由來，雖然這點我們不能完全保證，但是在沐浴鹽裡添加薑，的確能讓所有剛下班、累倒在電視機前的男士們回復元氣。檸檬香茅精油能迅速恢復精力，並能將滿身的汗臭味完全洗淨，另外它還能減輕頭痛、刺激全身肌膚，這些正好是一天辛苦工作後最需要的。這些沐浴鹽很快就可以做好，最好一次只做一點點，這樣才能隨時享受新鮮沐浴鹽帶來的舒暢感。

雄風再現沐浴鹽

材料

5 ml甜杏仁油
6滴檸檬香茅精油
3滴薑精油
100 g死海海鹽

工具

攪拌用的碗
湯匙
有蓋子的暗色或透明玻璃瓶

作法

1. 將甜杏仁油和所有精油充份混合，再加入死海海鹽一起攪拌，接著倒入有蓋子的暗色玻璃瓶。若使用透明玻璃瓶則需放置在沒有日照的地方，以免變質。
2. 只要在水裡加入滿滿一茶匙、恢復活力的海鹽，並泡個舒服的熱水澡，就能感受到前有未有的功效。沐浴鹽最好在兩個月內用完，不過它的效果這麼好，我們相信不需兩個月，一定馬上用光。

這個美妙的沐浴鹽有很香的柔媚味道，但不一定只有女性可用，何不一起享用呢！依蘭依蘭精油能放鬆心情，據稱有催情效果（當然聞到這種誘人的甜甜香味，很難不激起情慾）。佛手柑最適合與依蘭依蘭搭配，因為它刺激的柑橘香味，能中和依蘭依蘭濃膩的味道，而本身的刺激特性能讓你精力充沛，要展現性感浪漫的一面，就別多說了。

浪漫沐浴鹽

材料

5 ml甜杏仁油

6滴佛手柑精油

3滴依蘭依蘭精油

100 g死海海鹽

工具

攪拌用的碗

湯匙

有蓋子的暗色或透明玻璃瓶

作法

1. 將甜杏仁油和所有精油充份混合，再加入死海海鹽一起攪拌。然後倒入有蓋子的暗色玻璃瓶，若使用透明玻璃瓶則需放置在沒有日照之處，以免精油變質。
2. 在浴缸裡加入滿滿一茶匙，就可盡情享受了。

搭配按摩油

泡完澡後，也可搭配按摩油來做全身按摩，體會眞正的豪華享受。將同樣份量的精油，加入100 ml的甜杏仁油一起混合，再倒入暗色的玻璃瓶，若用透明玻璃瓶，需放置在沒有日照之處。泡完澡後則可用來按摩，或是當做一般的身體保濕液。

注意

佛手柑精油會讓皮膚對陽光過敏，因此在曬太陽之前不可使用這個精油。

去角質按摩鹽

材料

250 g死海海鹽
125 ml甜杏仁油
5 ml玫瑰果油
3滴萊姆精油
3滴甜橙精油
2滴乳香精油
1滴快樂鼠尾草精油
1滴山雞椒精油
1滴天竺葵精油

工具

攪拌用的碗
湯匙
有密封蓋的暗色或透明玻璃瓶

作法

1 將所有材料放入碗裡一起攪拌，然後舀入玻璃瓶內，若用透明玻璃瓶必須放在不受日照之處，以免精油變質。

2 取一把按摩鹽，輕柔地全身按摩，這時不需要再使用香皂，接著可用溫水沖乾淨，或泡入浴缸洗淨。用柔軟的毛巾拍乾身體，如此能將精油完全吸收，卻不會感到全身油膩，而且精油的芳香仍會留在你的肌膚上。

柔膚油

如果想更寵愛自己，可以再多加一茶匙的金盞花精油。金盞花精油的特性是使皮膚光滑柔嫩，它常被用來治療各種皮膚毛病。

若要讓皮膚像絲質般柔嫩，就非得使用去角質按摩鹽。這個按摩鹽的特色是含有完美的複方精油，能讓肌膚滑嫩滋養，還能去除異味、撫慰身心。甜杏仁油和玫瑰果油很容易被吸收，具有滋潤皮膚的功效。若要用於敏感皮膚，則可將死海海鹽換成馬爾敦海鹽片，效果較溫和。

前一陣子到土耳其去旅遊，我帶了女兒去做古老卻實用的土耳其浴。整個儀式包括全身清潔，然後是一些男女幫我們做全身按摩，他們看起來很像摔角選手，但差別是他們的雙手輕柔又有技巧，著實讓我大開眼界，就連我那個拘謹的女兒，隔天也問我能不能再去做一次？唯一能配得上那次按摩的，就只有這個適合女性使用的按摩油了，它照顧到我們的全部，包括身心靈各方面。依蘭依蘭具有鎮靜和放鬆的作用，或許這也就是它被視為催情劑的原因。快樂鼠尾草具有能使心情愉快，同時又能放鬆心情的兩大作用。

維納斯按摩油

材料

100 ml甜杏仁油

5 ml依蘭依蘭精油

5 ml快樂鼠尾草精油

工具

有蓋的暗色或透明玻璃瓶

作法

1. 將甜杏仁油和所有精油倒入玻璃瓶混合。若用透明玻璃瓶則需存放在不受日照之處，以免精油變質。
2. 請你的另一半為你做全身按摩。

按摩的功效

按摩是讓精油作用在身體的最有效方法。皮膚是人體最大的器官，它可以吸收精油。在全身按摩之後，大量的精油會在短時間內進入血管，因此精油就能迅速發生療效，並且讓全身充滿最美妙的香氣。

面膜能有效清潔皮膚污垢、收斂毛孔，並能讓肌膚柔嫩、滋養修復和撫平細紋，同時還能去角質。但別忽略了身體的其他部位，例如乾燥的手肘、膝蓋、腳跟和頸部，面膜也同樣能發揮功效。

自製面膜

柑橘類水果對各類膚質來說，都有調理、抗菌的功能。草莓能讓皮膚柔軟，並能有效減少中性或混合性膚質的油脂分泌。熱帶性水果，像是木瓜、鳳梨和無花果，它們的外表不起眼，但卻具有良好的去角質效果。我們通常都選用有機水果，再將它們搗碎壓成汁。

使用面膜

使用面膜的正確方法，是先將臉徹底清潔後，在皮膚略為濕潤的狀態下將面膜敷在臉上。避免接觸到眼睛，接著放鬆地仰臥，大約敷10到30分鐘（接下來介紹的產品製作都註明了最佳使用時間）。若要更舒服一點，可以拿一個枕頭墊在你的膝蓋下，另一個枕頭枕在頭部，同時欣賞你最喜愛的音樂。

用溫水將面膜清洗掉。或是更棒的，使用濾過渣、溫度約在39℃左右的花葵、洋甘菊或萊姆葉製成的藥草浸液，將浸液輕輕地拍打在皮膚上，清洗掉面膜。

然後讓臉部自然乾燥，或是用柔軟的毛巾輕輕拍乾。

乾性皮膚專用面膜

蜂蜜是蜜蜂從花蜜中製造而成，它有一種增強治癒能力的天然特性，對於乾燥皮膚很有療效。杏仁核能讓肌膚柔軟平滑，而杏桃和水蜜桃能讓粗糙的皮膚更細緻。

材料

2顆熟杏桃，或1顆熟水蜜桃
2湯匙蜂蜜
2湯匙滿滿的磨碎杏仁核

工具

刀子
叉子
攪拌碗

作法

1. 將杏桃或水蜜桃去皮、壓碎，把汁過濾出來，然後在果肉裡，加入蜂蜜和杏仁核一起攪拌混合即可。
2. 先將皮膚洗淨，再敷上面膜。避免接觸到眼睛部位，敷20到30分鐘後，就可用溫水洗淨，或是用花葵或洋甘菊的浸液沖洗。

油性皮膚專用面膜

這個面膜包含了具調理、收斂特性的檸檬，還有具保濕、滋養作用的葡萄和梨子，以及能讓皮膚緊緻的蛋白，因此深受我們喜愛。混合性肌膚的人也可以使用在容易出油的地方。

材料

1個蛋白
一個手掌量的白色無籽葡萄，或是1大顆熟梨
半顆的檸檬汁
1茶匙麥麩
500 ml礦泉水
10滴金縷梅

工具

攪拌碗
叉子
刀子

作法

1. 將蛋白打到形成白色發泡狀，接著將葡萄或梨子去皮、壓碎，再把汁濾出來。
2. 將蛋白和檸檬汁、麥麩和果肉一起攪拌混合，最後會變成輕柔鬆軟的面膜。
3. 輕輕地將面膜敷在臉上。小心鼻子、下巴和額頭等部位，在臉上敷15分鐘左右，注意不要接觸到眼睛周圍。最後將礦泉水和金縷梅調合，用來洗掉面膜。

一般性皮膚專用面膜

這個面膜相當好用，就算拿來吃味道也很棒，尤其草莓的香味更令人不可抗拒。小麥胚芽油含有豐富的維他命E，深具保濕及癒合效用。

材料

5-6顆大顆熟草莓
一把綠薄荷葉
1茶匙小麥胚芽油
1茶匙柳橙汁

工具

果汁機

作法

1 先將草莓和綠薄荷葉放入果汁機中打碎，再加入小麥胚芽油和柳橙汁混合即可。

2 將打好的面膜均勻敷在臉上。若想要更清涼的感覺，可以在眼皮上放兩片去皮的小黃瓜，接著放鬆休息20到30分鐘。之後用溫水沖洗乾淨，或是用萊姆葉浸液洗去面膜。

從指甲可以清楚看出你身體的狀況，同時也可以看出皮膚、眼睛和頭髮的狀況。因此，建議你每週使用這個修護霜一次，才不會讓手洩露出身體的秘密。

檸檬精油能治療受損的指甲，讓皮膚更有光彩。沒藥精油能治癒黴菌感染，而且對於龜裂、發炎的皮膚有特殊療效。據說古希臘人在戰爭時，都會隨身攜帶沒藥，因為沒藥有很強的抗菌及癒合效果，因此，用它來處理受損的指甲硬皮也不是問題。

指甲硬皮修護霜

材料

60 ml礦泉水
2把蕁麻嫩葉
90 g可可脂
20 g甘油
6 ml檸檬精油
2 ml沒藥精油

工具

量杯
過濾器
不銹鋼鍋
木質湯匙
有密封蓋的暗色或透明玻璃瓶

作法

1 用煮開的礦泉水浸泡蕁麻葉10分鐘（見第28頁），將渣過濾，並放涼待用。

2 將可可脂放入不銹鋼鍋，以小火加熱至熔解。接著加入甘油，並用木質湯匙攪拌，最後再緩緩加入蕁麻浸液，持續拌勻。

3 待乳狀混合液冷卻至不燙手的溫度時，就加入精油混合。將混合乳霜舀入密封瓶裡，搖晃至完全冷卻，以防油、水分離。若用透明玻璃瓶裝，則需存放至沒有日照之處，以避免精油變質。

4 一週一次，將雙手浸泡在溫暖的花葵和洋甘菊浸液裡，將柳橙枝梗的一端墊上棉花球，輕輕地推壓指甲硬皮。接著再用護手霜按摩指甲。

注意

懷孕期間不可使用沒藥精油，可用薰衣草精油來代替。

嘴唇乾裂根本就是個噩夢！尤其到了冬天，這個裂嘴，絕對不可能是白馬王子親吻的對象。只要隨身攜帶這個護唇膏，就可以準備嘟起嘴巴嚕。

吻了再說護唇膏

材料

30 g蜂蠟
30 ml甜杏仁油
30 ml金盞花油
3滴薰衣草精油

工具

不銹鋼鍋
木質湯匙
有蓋的小瓶璃瓶

作法

1. 將甜杏仁油、金盞花油和蜂蠟一起放入不銹鋼鍋裡，用小火加熱攪拌。
2. 等蜂蠟完全熔解時，便將鍋子移開瓦斯爐，然後持續攪拌，直到冷卻至不燙手的溫度。
3. 接著加入薰衣草精油均勻攪拌。如果想要其他味道，也可以再加另一種精油來和薰衣草搭配。
4. 將混合油脂倒入小玻璃瓶中，讓它自然冷卻。

包裝巧思

本篇所介紹的產品都是很棒的禮物，誰不喜歡收到這種百般呵護肌膚，而且還有精美包裝的產品？你可以試試將一兩樣產品放入禮盒，用一大張棉紙或薄紗包起來，再用精緻的鍛帶打個蝴蝶結，讓禮物更添風味。自己製作一個心形標籤，套在維納斯按摩油的瓶子上，也是個完美的禮物。

第四篇　身心平衡

4

這回，我們將接骨木和兩種最香的精油混合，另外，還添加富含礦物質的死海海鹽和玫瑰果油，來呵護肌膚。完成這個產品只需要幾分鐘，所以開始動手吧！

心花怒放沐浴鹽

材料

5 ml玫瑰果油

6滴萊姆精油

3滴天竺葵精油

100 g死海海鹽

一把乾燥的接骨木花瓣

工具

攪拌碗

湯匙

有蓋子的暗色或透明玻璃瓶

作法

1. 將玫瑰果油和精油混合，再加入死海海鹽和接骨木花瓣一起攪拌，然後舀入有蓋子的玻璃瓶。若用透明玻璃瓶則需放置在不受日照之處，以防精油變質。

2. 在浴缸裡加入一茶匙即可使用。沐浴鹽最好趁新鮮時使用，最佳保存期限為一個月。

接骨木

接骨木是鄉間美麗的花，它清新甜美的香味和優雅、蕾絲般的樣貌，是春天來臨的信號。它的花朵是用來製作甜酒的材料，而乾燥的花苞還可以泡茶。早在很久以前，人們就使用接骨木製作乳霜和軟膏，只要將接骨木浸液加入乳霜中，就可塗抹在手部和身體，或是將新鮮花朵和優格混合，也是很棒的洗面乳，可清潔皮膚並預防皺紋產生。

這個深具療效按摩油能幫助你安眠，並減輕白天產生的疼痛。百里香是很棒的精油，能幫助循環、消除疲勞，並減緩風濕性疼痛。而對於神經系統也有良好的平衡作用，因此可有效治療失眠。另外，這個按摩油還添加了具有鎮靜作用的甜橙精油，以及能排出身體毒素的杜松果精油。可能在你還沒做完全身按摩之前，就已悄悄進入夢鄉。

百里香安眠油

材料

100 ml甜杏仁油

8滴百里香精油

8滴甜橙精油

4滴杜松果精油

工具

有密封蓋的暗色或透明玻璃瓶

作法

1. 將所有油一起倒入有蓋的玻璃瓶混合。若用透明玻璃瓶則需存放在沒有日照之處，以免精油變質。
2. 於每晚睡前使用。即使只用一點點在手或手臂上按摩，都能有效幫助入眠。

注意

懷孕期間避免使用杜松果精油和百里香精油，本作法可用薰衣草來代替。

如果你對堅果類過敏，便將甜杏仁油換成葡萄籽油或葵花油即可。

雖然大部分的男性都沒有固定的洗臉程序，但我們相信他們一定會愛上這個洗面皂，因為它有去角質的功能，可去除毛孔污垢，深層清潔皮膚，並能讓肌膚保持濕潤光滑。這個洗面皂含有果香，同時還散發出一股淡淡的肉桂香氣。具有溫暖刺激作用的肉桂精油，再加上柑橘類精油後，就成了最佳的男性專用香皂。而添加葡萄柚和甜橙精油，讓它更具陽光氣息，能增加活力、舒緩肌膚。最後放入罌粟籽點綴其中，可使香皂更具去角質功能，增添特殊的觸感。

男用活力洗面皂

材料

170 ml葵花油
170 ml橄欖油
155 g椰子油
65 g氫氧化鈉
230 ml礦泉水
10 ml葡萄柚精油
6 ml甜橙精油
4 ml肉桂葉精油
2湯匙的罌粟籽

工具

一般工具（見第16頁）
防護工具（見第18頁）
木質砧板
盤子

作法

1 在通風良好的地方製作，將塑膠模子塗上油，並用防油紙鋪好。

2 將葵花油、橄欖油和椰子油放入大型不銹鋼鍋，用小火加熱至融化。

3 穿戴好護目鏡、口罩、圍裙和長橡皮手套。將礦泉水倒入塑膠桶中，然後加入氫氧化鈉，用橡皮刮刀攪拌，使之充分溶解。

4 準備兩枝溫度計，一枝測油，一枝測氫氧化鈉混合液（鹼水），注意兩邊溶液的溫度是否達到35.5℃——可能會需要重新加熱油脂，此時繼續穿著防護衣物。當兩者溫度達到35.5℃時，立刻將鹼水倒入油裡，然後將火關掉。持續用橡皮刮刀攪拌約15分鐘。

5 直到舀幾勺皂液滴在皂液表面，形成明顯痕跡時，就表示到達濃稠標準。此時可加入精油和罌粟籽，再攪拌均勻。將皂液倒入預先準備好的模子裡，於安全且溫暖乾燥的地方放置24小時，並用硬紙板蓋住，防熱氣進入。

6 再戴上長手套，將香皂倒出來，放在已舖了防油紙的木質砧板上。將香皂上的防油紙撕開，再用刀子或餅乾切模切成想要的形狀或大小。若香皂太軟，不能切開，則再放置24小時。接著在盤子舖上防油紙，將切好的香皂按間隔排開，再將盤子放在溫暖乾燥、沒有日曬的地方四個星期。在成熟的過程中，記得偶爾要翻面。

這個全面功效的保濕乳霜，可讓你的身、心雙方面獲得滋養。它的保濕效果，以及特別添加兩種深具放鬆作用的精油，讓你一接觸身體肌膚，便能立即、明顯感受到不同。

美夢夜霜

材料

15 g蜂蠟
15 g可可脂
50 g椰子油
30 ml甜杏仁油
60 ml礦泉水
6 ml薰衣草精油
4 ml依蘭依蘭精油

工具

不銹鋼鍋
木質湯匙
有蓋子的暗色或透明玻璃瓶

作法

1 將蜂蠟、可可脂、椰子油和甜杏仁油，一起放入厚底的不銹鋼鍋裡，用小火慢慢加熱至融化。接著加入礦泉水，用木湯匙用力攪拌。

2 鍋子移開瓦斯爐，繼續攪拌讓它冷卻到不燙手的溫度。接著再加入精油一起拌勻。將乳霜舀入有密封蓋的玻璃瓶，搖晃至完全冷卻，如此油、水才不會分離。若用透明的玻璃瓶，則需存放在不受日照之處。

3 養成睡前使用夜霜全身按摩的習慣，接著就可迎接美夢了。

橘子香皂

材料

300 ml特級橄欖油
100 ml甜杏仁油
65 g椰子油
60 g棕櫚油
40 g蜂蠟
65 g氫氧化鈉
230 ml礦泉水
10 ml橘子精油
5 ml甜橙精油
5 ml薰衣草精油

工具

一般工具（見第16頁）
防護工具（見第18頁）
木質砧板
盤子

作法

1 在通風良好的地方製作，將塑膠模子塗上油，並用防油紙舖好。

2 將橄欖油、甜杏仁油、椰子油、棕櫚油，和蜂蠟一起放入大型不銹鋼鍋，用小火加熱至融化。

3 穿戴好護目鏡、口罩、圍裙和長橡皮手套。將礦泉水倒入塑膠桶中，然後加入氫氧化鈉，用橡皮刮刀攪拌，使之充分溶解。

4 準備兩枝溫度計，一枝測油，一枝測氫氧化鈉混合液（鹼水），注意兩邊溶液的溫度是否達到55℃。此時繼續穿著防護衣物，當兩者溫度達55℃時，將鹼水倒入油裡，持續用橡皮刮刀攪拌至濃稠狀（舀幾勺皂液滴在皂液表面，形成明顯痕跡，即達濃稠標準）。

5 此時可加入精油拌勻。將皂液倒入預先準備好的模子裡，於安全且溫暖乾燥的地方放置24小時，並用硬紙板蓋住，防止熱氣進入。

6 由於香皂在此階段仍有腐蝕性，因此需戴上長手套，再將香皂倒出來，放在已舖了防油紙的木質砧板上。將香皂上的防油紙撕開，用刀子或餅乾切模切成想要的形狀或大小。接著在盤子舖上防油紙，將切好的香皂按間隔排開，放在溫暖乾燥、不受日曬的地方四個星期。記得偶爾要去翻面。

7 沐浴時使用這塊香皂，好好享受它的神奇效果。

使用芳香療法的目的是要達到身心平衡，這也是我們生活希望達到的目標。這個香皂含有兩種不同作用的精油：一是具有極佳放鬆效果和鎮靜作用的薰衣草與甜橙精油，另一個是能帶來清新活力的橘子精油。這個溫和不刺激的香皂，還添加了大量的特級橄欖油、甜杏仁油和椰子油，更能百般呵護你的肌膚。

這個晚霜是專為解決肌膚老化問題而誕生的。在保養品的使用上，乳香對於老化的肌膚特別有幫助，它能恢復臉部光彩、延緩皺紋產生，甚至還能消除已出現在臉上的細紋。檸檬汁可以清潔皮膚，添加在晚霜裡，有助於細紋的去除。檸檬精油能除去暗沉及老人斑，讓肌膚更明亮，還能促進循環，並對皮膚產生溫和的漂白效果。金盞花浸液有助於舒緩肌膚，對於乾燥龜裂的皮膚別有功效。

老化肌膚專用晚霜

材料

一把乾燥金盞花
20 g蜂蠟
20 ml金盞花油
40 ml甜杏仁油
10 ml檸檬汁
3 ml乳香精油
1 ml檸檬精油

工具

量杯
過濾器
不銹鋼鍋
木質湯匙
有密封蓋的暗色或透明玻璃瓶

作法

1. 用300 ml煮開的礦泉水浸泡金盞花（見第28頁），將渣過濾，並放涼待用。
2. 將蜂蠟放入大型厚重的不銹鋼鍋，以小火加熱至熔解。接著再將所有的油加入，用木質湯匙攪拌，再慢慢滴入金盞花浸液和檸檬汁。
3. 將火關掉，持續攪拌乳狀混合液，直到冷卻至不燙手的溫度時，再加入精油混合。之後將混合乳霜舀入密封瓶裡，搖晃至完全冷卻，不致於油、水分離。若用透明玻璃瓶則需存放至不受日照之處，避免精油變質。
4. 每晚睡前，臉部清潔完後，用晚霜輕柔地由下往上按摩。從下巴、兩頰、眼睛周圍，到額頭四周。最後，再從脖子往上輕推至下巴。

許多被視為具有抗憂鬱作用的精油，都是夏季盛產的花朵，例如：薰衣草、茉莉花和天竺葵。這並非偶然，因為這些花朵往往可以喚起深藏在潛意識中的和煦微風、溫暖陽光、夏日庭園、悠閒假期與種種甜蜜往事。柑橘類精油，尤其是佛手柑，能在你緊張煩悶時，振奮心情。

心情按摩油

材料

100 ml甜杏仁油

4 ml薰衣草精油

4 ml佛手柑精油

2 ml檸檬香茅精油

工具

塑膠杯

木頭湯匙

有密封蓋的暗色或透明玻璃瓶

作法

1 將甜杏仁油倒入塑膠杯，接著加入精油，持續攪拌。

2 將按摩油倒入玻璃瓶裡，以瓶蓋密封住。若使用透明玻璃瓶則需放置於沒有日照之處，防精油變質。

3 使用前，輕輕搖晃瓶子讓按摩油充分混合。除非你受過專業訓練，否則按摩時，雙手盡量保持輕柔、放鬆，因為輕柔的按摩較有和緩的效果。若非專業按摩師，太用力的話可能會造成危險。

按摩的益處

度過冗長且忙碌緊張的一週後，可用心情按摩油來按摩脊椎的任何一側，消除疲勞。同時也放空腦袋，保持心境平和。按摩總是能讓人肌肉放鬆，即使沒有使用精油也相當有效，但結合精油按摩的確會有驚人的效果。

注意

若皮膚會曝曬到陽光，請勿使用佛手柑精油，因爲它對陽光過敏。

將一個裝滿乾燥花朵的小香包放進枕頭套裡，可以讓你心靈平靜，一覺好眠。植物的療效，與採集、乾燥的過程有很大的關係。花朵應該在乾燥的氣候下進行採集，也就是在太陽剛升起、露水已消逝之時；葉子則應該在成長完全之前就採集。為了將乾燥花的活性成分充份保存，乾燥過程應在陽光下進行，或是在溫室裡、烘乾箱，或用烤爐來乾燥。

美夢藥草枕

材料

乾燥花：為了安眠用，可試試蛇麻草、西洋櫻草、香蜂草和薰衣草。

工具

薄棉紗

剪刀

緞帶

作法

1. 一段薄棉紗，大約20平方公分，然後將混合乾燥花置於布中，將四邊收攏起來。拿緞帶打個蝴蝶結，包住乾燥花，但不要綁太緊，讓乾燥花可以呼吸，釋放出具有療效香味。
2. 將香包塞入枕頭套裡面，接著就可進入夢鄉了。

如同一縷清新的微風般，令人心曠神怡、精神鼓舞，這個香皂也有海的味道（但絕沒有魚腥味）。我們還加了海藻，以增添不同的質地，而且更滋養。另外，還有可抗黴菌的鼠尾草精油，以及使膚質細緻的苦橙葉。葡萄柚精油具有振奮精神的作用，而柳橙精油則能使身心平衡。

海風沐浴皂

材料

225 ml橄欖油
40 ml酪梨油
50 g椰子油
50 g棕櫚油
30 g蜂蠟
180 ml礦泉水
55 g氫氧化鈉
7 ml葡萄柚精油
6 ml甜橙精油
2 ml 苦橙葉精油
1 ml鼠尾草精油
2把海藻

工具

一般工具（見第16頁）
防護工具（見第18頁）
木質砧板
盤子

作法

1. 在通風良好的地方製作，將塑膠模子塗上油，並用防油紙舖好。
2. 將橄欖油、酪梨油、椰子油、棕櫚油，和蜂蠟一起放入大型不銹鋼鍋，用小火加熱至融化。
3. 穿戴好護目鏡、口罩、圍裙和長橡皮手套。將礦泉水倒入塑膠桶中，隨後加入氫氧化鈉，用橡皮刮刀攪拌，使之充分溶解。
4. 準備兩枝溫度計，一枝測油，一枝測氫氧化鈉混合液（鹼水），注意兩邊溶液的溫度是否達到55℃。繼續穿著防護衣物，當兩者溫度達55℃時，將鹼水倒入油裡，持續用橡皮刮刀攪拌至濃稠狀（見第14頁）。
5. 此時可加入精油，使之完全混合，然後再加入海藻持續拌勻。將皂液倒入預先準備好的模子裡，並用湯匙或橡皮刮刀在香皂上方做出「波浪」的紋路，然後置於安全且溫暖乾燥的地方24小時，並用硬紙板蓋住，防熱氣進入。
6. 戴上長手套，將香皂倒出來，放在已舖了防油紙的木質砧板上。紋路朝上，以刀子切塊。接著在盤子舖上防油紙，將切好的香皂按距離排開。再將盤子放在溫暖乾燥、不受日曬的地方四個星期，使之成熟。

包裝巧思

藍色是屬於海洋和天空的顏色，能使人安寧和放鬆，特別適合用來包裝本章所介紹的部分香皂和沐浴產品。玻璃瓶用輕柔的薄紗包起來，再用紫色鍛帶打個蝴蝶結，就變成一個高貴典雅的禮物了。帥氣的格紋蝴蝶結，也會讓一瓶簡單的面霜看來更有個性。若要讓禮物更特別，可以將手工香皂放在貝殼形的香皂盒上，再打個漂亮的藍色蝴蝶結即可。

第五篇　回復健康

5

「讓世界暫停，我要休息！」不論是你，或是你的朋友面臨危機，這個絕佳的按摩油，必能排解你煩躁不安的情緒，還能消除某種程度的緊張。杜松果精油有很棒的潔淨、解毒特性，不僅對身體有療效，在精神方面，也能讓鬱悶的情緒再度恢復熱情。佛手柑含有最誘人的柑橘香味，能迅速提振精神，和杜松果精油搭配，是最佳的組合。使用這個產品能消除疲勞、恢復充沛的精力，隨時準備繼續衝刺。

舒壓按摩油

材料

30 ml甜杏仁油
8滴佛手柑精油
4滴杜松果精油

工具

有密封蓋的暗色或透明玻璃瓶

作法

1. 將所有材料放入有密封蓋的玻璃瓶裡混合。若使用透明玻璃瓶必須放在沒有日照之處，以免精油變質。
2. 理論上，這個按摩油最好搭配絕佳的全身按摩，但若沒有辦法，也可以塗抹在手臂、腿部，或是手、腳等較方便的部位按摩。

注意

懷孕婦女若需使用，一定要將杜松果換成薰衣草。
佛手柑精油會使皮膚對陽光更過敏，若需曝曬於陽光下，就不要添加佛手柑。

滋潤洗髮皂

材料

270 ml礦泉水
2個洋甘菊茶包
700 ml橄欖油
90 ml甜杏仁油
60 g蜂蠟
55 g椰乳
110 g氫氧化鈉
20 ml佛手柑精油
10 ml薰衣草精油
5 ml天竺葵精油
5 ml迷迭香精油

工具

一般工具（見第16頁）
防護工具（見第18頁）
過濾器
木質砧板
盤子

作法

1 將礦泉水燒開，茶包放在碗裡，接著倒入熱水，待涼後過濾掉茶包，將浸液保留起來。

2 在通風良好的室內製作，先將塑膠模子塗上油，並用防油紙鋪好。

3 將橄欖油、甜杏仁油和蜂蠟、椰乳放入大型不銹鋼鍋，用小火加熱，以不銹鋼湯匙攪拌，不要讓椰乳在鍋底結塊甚至燒焦。

4 穿戴好護目鏡、口罩、圍裙和長橡皮手套。將洋甘菊浸液倒入塑膠桶中，然後加入氫氧化鈉，成為鹼水。用橡皮刮刀攪拌，使其溶解。

5 準備兩枝溫度計，一枝測油，一枝測鹼水，注意兩邊溶液的溫度是否達到55℃。繼續穿著防護衣物，當兩者溫度達55℃時，將鹼水倒入油裡，持續用橡皮刮刀攪拌，直到皂液變濃稠（舀幾匙皂液滴在皂液表面，若形成明顯痕跡，即到達濃稠標準）。

6 此時加入精油，使其充分混合。接著將皂液倒入預先準備好的模子裡，於安全且溫暖乾燥的地方放置24小時，並用硬紙板蓋住，防熱氣進入。

7 此時香皂仍有腐蝕性，需戴上長手套再將香皂倒出來，放在已鋪了防油紙的木質砧板上。將香皂上的防油紙撕開，然後用刀子切成喜歡的形狀。先在盤子鋪上防油紙，再將切好的香皂按間隔排放，然後將盤子放在乾燥且不受日照之處，等待四個星期使之成熟。偶爾要翻面，香皂才能乾燥均勻。

茶包再利用

將泡好洋甘菊浸液的茶包留起來，當眼睛疲勞時，閉目將茶包放在眼皮上五分鐘，可以有效舒解疲勞。

終於找出可以改善髮質的最佳配方。這個富含乳脂的滋潤洗髮皂能修復受損髮質，讓頭髮更細緻，而且還有迷人香味。當我在海邊背著朋友的四歲兒子玩耍時，他說：「你的頭髮有草莓和桃子的味道！」雖然他沒猜對香皂的成份，但這是我聽過最棒的讚美了。

頭痛的原因多半是緊張，而解除頭痛最好的方法就是平躺。將一個枕頭枕在頭部，另一個枕頭墊在膝蓋下面，接著用冷的（而不是冰的）精油敷布壓在額頭上10分鐘，這樣不僅能治癒頭痛，而且還有退燒的功能。

對付頭痛特別有效的精油是薰衣草，即使只是在兩邊太陽穴上各拍一滴精油，效果也一樣驚人，就像服止痛藥般迅速止痛。薄荷對於治癒有噁心感的頭痛特別有效，而迷迭香和尤加利則專治鼻塞方面的頭痛。檸檬與薰衣草精油混合使用，還有退燒的功效。

頭痛敷布

材料

冷水

精油（例如薰衣草、檸檬、薄荷、迷迭香或尤加利等）

工具

大碗

法蘭絨洗臉巾

作法

1. 盛一大碗冷水（不能用冰水），滴兩滴精油進去，將法蘭絨洗臉巾放入碗裡，浸濕後輕輕扭乾。
2. 將洗臉巾放在額頭上10分鐘。最好身邊能有個幫手，在洗臉巾變暖（不涼）時，幫你再浸濕，吸收精油。精油同時結合了放鬆、降溫和治療效果，能平靜舒緩身心。

偏頭痛

正如緊張型頭痛一樣，偏頭痛多半是壓力造成的。然而在偏頭痛症狀發生時，沒有人想要接觸強烈的味道，即使是香氣迷人的精油也一樣。因此，對於偏頭痛患者而言，預防勝於治療。建議可以從「身心平衡」一章中，選一兩種產品長期使用。可於平常就做好保養，讓壓力遠離。

腳經常受到忽視，其實它也需要細心的呵護。它總是被鞋子所束縛，又常被悶出臭味，所以真該用最棒的按摩霜來照顧我們的腳。這個含有檸檬和薑的按摩霜就是不錯的選擇。

檸檬精油對腳部皮膚的保養，效果卓越。它能去除腳部突起的疣、治療敏感性皮膚、修復粗糙的趾甲、去除凍瘡，並具有消毒作用，讓腳恢復原來的光澤。薑精油能促進血液循環，使承受一整天辛勞的雙腳，解除疲勞、舒緩疼痛。

腳底按摩霜

材料

15 g蜂蠟

15 g可可脂

50 g椰子油

30 ml甜杏仁油

60 ml礦泉水

7 ml檸檬精油

3 ml薑精油

工具

不銹鋼鍋

木質湯匙

有蓋子的暗色或透明玻璃瓶

作法

1. 將蜂蠟、可可脂、椰子油和甜杏仁油，一起放入厚底大型不銹鋼鍋中。用小火慢慢加熱至融化，再一點一點加入礦泉水，並用木湯匙攪拌，直到變成乳霜狀。
2. 鍋子移開瓦斯爐，繼續攪拌，等它冷卻到不燙手的溫度時，再加入精油一起拌勻。
3. 將乳霜舀入有密封蓋的玻璃瓶，搖晃至完全冷卻，如此油、水才不會分離。若使用透明的玻璃瓶，則需存放在沒有日照的地方，以防精油變質。
4. 臨睡前，泡個熱呼呼的澡，然後用大量的乳霜，輕柔地按摩腳部。按完後穿上棉襪，讓精油一整夜發揮療效。

很多人沒有好好愛惜自己的雙手。粗活、嚴寒的天氣和刺激的清潔劑，都會傷害我們的玉手。割傷、發炎、粗糙受損的指甲和乾燥龜裂的皮膚，都是手部常見的問題，而修復的方法就是這瓶滋養乳霜。檸檬精油具有珍貴的抗菌、抗老化功能，另外還有溫和的漂白作用，能有效對抗色斑和肝斑。皮膚不管發炎得多嚴重，薰衣草都能治療，而且還能加速平撫皮膚上的割傷、龜裂、燙傷和蚊蟲叮咬等問題。

美白護手霜

材料

15 g蜂蠟

15 g可可脂

50 g椰子油

30 ml維他命E，或小麥胚芽油

60 ml礦泉水

6 ml薰衣草精油

4 ml檸檬精油

工具

不銹鋼鍋

木質湯匙

有蓋子的暗色或透明玻璃瓶

作法

1. 將蜂蠟、可可脂、椰子油，和維他命E油或小麥胚芽油，一起放入厚底大型不銹鋼鍋中，用小火慢慢加熱至融化。再慢慢加入礦泉水，並用木湯匙攪拌。
2. 將鍋子移開瓦斯爐，持續攪拌至冷卻到不燙手的溫度為止，再加入精油一起拌勻。
3. 將乳霜舀入有密封蓋的玻璃瓶，搖晃至完全冷卻，如此油、水才不會分離。若用透明的玻璃瓶，則需存放在不受日照的地方，以防變質。
4. 將這個營養又滋潤的乳霜，大量塗抹在手部、指甲和硬皮等部分按摩，接著戴上純棉手套幫助吸收，讓它作用整晚。

靜脈曲張專用霜

材料

200 g可可脂

30 g椰子油

20 ml金盞花油

2大把金盞花，包括花朵、莖和葉

15滴杜松果精油

15滴檸檬精油

工具

不銹鋼鍋

木質湯匙

薄棉紗

有蓋子的暗色或透明玻璃瓶

作法

1 將可可脂、椰子油和金盞花油，一起放入厚底大型不銹鋼鍋，用小火加熱融煮。

2 將金盞花加入熱鍋裡，用木湯匙攪拌均勻，等到冒泡時，將鍋子移開瓦斯爐，放置一夜。

3 隔天，再加熱油脂，使之融化，接著用薄棉紗將金盞花過濾掉。最後將精油加入混合，然後將乳霜倒入玻璃瓶裡，等待完全冷卻。若使用透明玻璃瓶則需放在不受日照之處，以防精油變質。

預防靜脈曲張

防止靜脈曲張發生，最好的方法就是躺下，將雙腿抬到高於心臟的位置。還要規律運動，不要久站，也不要將雙腿交叉，或跪坐在腳上，如此會讓血液循環不良。在按摩靜脈曲張的部位時要小心，不要直接用力壓，而是輕輕揉推，往上、朝著心臟的方向輕揉。若有按摩上的問題，則要教請專業人員，或是只將乳霜於患部輕輕塗抹即可。

也可以試著製作金盞花酊劑：將一小把金盞花瓣浸泡在50 ml的伏特加酒裡（見第28頁），蓋好蓋子，放置於溫暖的地方14天，每天都必需搖勻。最後將花渣過濾後，加入100 ml的金縷梅液。放置待涼後，即可拍在患部。

注意

懷孕婦女不得使用杜松果精油，本作法可以用薰衣草精油來替換。

靜脈曲張不僅是女性常見的問題，也常發生在男性身上。它總是帶給患者莫大的痛苦，因此只要是可以減輕疼痛的偏方，經常大受歡迎。這個溫和的乳霜含有金盞花，金盞花有各種為人稱道的療效，而其中最能嘉惠人們的特效，即是改善皮膚狀況，同時治療靜脈曲張。杜松果精油則具驚人的解毒效果，有助於消除水腫，水腫往往是伴隨著靜脈曲張和血液循環不良而來。另外，杜松果還有助於維持良好膚質。

洋甘菊精油最廣為人知的特性，即是具有舒解、鎮定和消炎作用。它常用來治療皮膚問題，尤其是過敏、乾燥和發炎，當然還包括了濕疹、蕁麻疹等症狀。這個護手霜還添加了具有抗菌作用的沒藥精油，因此，在辛苦整理完花園、做完家事，或是使用了刺激的清潔劑後，甚至被蕁麻扎到時，別忘了使用這個護手霜。

抗敏護手霜

材料

2把洋甘菊花
250 ml的水
40 ml甜杏仁油
30 g蜂蠟
1 1/2湯匙的蜂蜜
20 ml小麥胚芽油
5滴羅馬洋甘菊精油
5滴沒藥精油

工具

有蓋子的平底鍋
咖啡濾紙
不銹鋼鍋
木質湯匙
有蓋的暗色或透明玻璃瓶

作法

1 在平底鍋裡加水，將洋甘菊花放入，蓋上蓋子，慢火熬煮30分鐘，然後放著待涼，鍋蓋不需打開。

2 用咖啡濾紙將花渣過濾掉，留下浸液。

3 將甜杏仁油和蜂蠟放入厚底大型不銹鋼鍋融煮，加入蜂蜜，用木湯匙攪拌，接著再加入小麥胚芽油和洋甘菊浸液，一起攪拌均勻。

4 將鍋子移開瓦斯爐，持續攪拌，直到乳霜冷卻至39℃時，再加入精油混合。慢慢攪拌，直到乳霜完全冷卻。

5 將乳霜倒入玻璃瓶中，若使用透明玻璃瓶，則需放置在沒有日照的地方，防止精油變質。

6 使用這個極品護手霜只要少許即可，指甲的硬皮處需要特別塗抹。

注意

懷孕婦女需將沒藥精油置換成薰衣草精油。

妊娠紋可以說是懷孕後，最不想見到的結果了。使用這個乳霜可以很快讓你魅力再現。薰衣草和檸檬精油對皮膚有修復功效，可去除妊娠紋，有效活化肌膚。依蘭依蘭精油對於皮膚別具調理功效，還有強力的催情作用，讓你再度展現性感魅力。

妊娠紋霜

材料

15 g蜂蠟
15 g可可脂
50 g椰子油
30 ml月見草油
60 ml礦泉水
5 ml依蘭依蘭精油
3 ml薰衣草精油
2 ml檸檬精油

工具

不銹鋼鍋
木質湯匙
有蓋子的暗色或透明玻璃瓶

作法

1. 將蜂蠟、可可脂、椰子油和月見草油，一起放入厚底大型不銹鋼鍋中，用小火慢慢加熱至融化。再加入礦泉水，並用木湯匙攪拌，直到變成乳霜狀。
2. 將鍋子移開瓦斯爐，持續攪拌。等到冷卻至不燙手的溫度時，再加入精油一起拌勻，讓乳霜呈現平滑狀態。
3. 將乳霜舀入有密封蓋的玻璃瓶中，搖晃至完全冷卻，如此油、水才不會分離。若用透明的玻璃瓶，則需存放在沒有日照的地方，以防精油變質。
4. 輕輕將乳霜塗抹在妊娠紋之處，每天沐浴後使用，幾天後將會發現皮膚變得更細緻滑嫩。

亞洲人使用髮油的文化已有幾世紀了，他們深知按摩頭部益處良多。頭部按摩可放鬆頭皮肌肉、額頭（這裡常是壓力形成的地方），和頭蓋骨底部（壓力聚集的焦點）。迷迭香和檸檬香茅精油不僅能放鬆身心，還能使頭髮重回年輕時的烏黑亮麗。薰衣草和天竺葵精油則能改善乾裂的頭皮狀況。

要有健康的髮質，擁有良好的氣血循環是必要條件。因此，好好按摩頭部，甚至請朋友幫忙。按摩時，力道可以稍大一點，但手指要輕柔，如果可以的話，讓精油作用一整晚，睡覺時將毛巾纏在頭上，以免精油沾到枕頭。清潔時，照正常方式，用溫和洗髮精洗淨，然後再吹乾。

護髮油

材料

100 ml甜杏仁油或少量橄欖油

3 ml天竺葵精油

3 ml薰衣草精油

3 ml檸檬香茅精油

3 ml迷迭香精油

工具

有密封蓋的暗色或透明玻璃瓶

作法

1. 將所有油倒入密封瓶裡，搖晃均勻，若使用透明玻璃瓶，則需存放在陰暗的碗櫃裡，避免小孩子拿到。
2. 睡前，先將瓶子搖晃均勻，倒出一湯匙髮油在掌心，於頭皮上仔細按摩，不要洗掉，隔天再用洗髮精洗淨。
3. 每週用一次，就可以改善頭髮和頭皮問題。

型男香皂

材料

100 ml礦泉水
2把花葵，包括花與莖
1把洋甘菊花
130 ml橄欖油
25 g棕櫚油
25 g椰子油
15 g蜂蠟
25 g氫氧化鈉
10 ml佛手柑精油
8 ml快樂鼠尾草
2 ml薰衣草精油
2 ml廣藿香精油

工具

一般工具（見第16頁）
防護工具（見第18頁）

作法

1 將洋甘菊和薰衣草的花和莖放入礦泉水中，煮2分鐘。待涼之後過濾，花渣和浸液都需保留起來。可以的話，多加一些礦泉水，做出100 ml的浸液。

2 在通風良好的地方製作，先將塑膠模子塗上油，並用防油紙鋪好。

3 將橄欖油、棕櫚油、椰子油，和蜂蠟一起放入大型不銹鋼鍋，用小火加熱至融化。

4 穿戴好長橡皮手套、圍裙、護目鏡和口罩。將花草浸液倒入塑膠桶中，接著加入氫氧化鈉，用橡皮刮刀攪拌，使之充分溶解。

5 準備兩枝溫度計，一枝測油，一枝測氫氧化鈉混合液（鹼水），注意兩邊溶液的溫度是否達到55℃。繼續穿著防護衣物，當兩溶液的溫達55℃時，將鹼水倒入油裡，持續用橡皮刮刀攪拌至濃稠狀（舀幾匙皂液滴在皂液表面，若形成明顯痕跡，即達濃稠標準），之後加入精油和花渣，持續拌勻。

6 將皂液倒入預先準備好的模子裡，置於溫暖、乾燥且安全的地方24小時，並用硬紙板蓋住。

7 記得，此時香皂仍具有腐蝕性，因此要戴上長手套，再將香皂倒出來，放在已鋪了防油紙的木質砧板上。將香皂上的防油紙撕開，用刀子切成喜歡的大小。接著在盤子鋪上防油紙，將切好的香皂按間隔排開，再放置於溫暖乾燥、不受日曬的地方四個星期，使之成熟。偶爾要翻面，使其乾燥完全。

注意

佛手柑精油會使皮膚對陽光過敏，因此在曬太陽之前不要使用這個精油。

這是非常具有男子氣概的香皂，但並不表示女性就不愛用。快樂鼠尾草精油具有迷人的堅果香味，還能抑制多汗的症狀。廣藿香具有抗菌特性，還能當做其他精油的固定劑，加了廣藿香，讓香皂散發出帶有異國風情的香味。薰衣草的好處就不說了，加入這個香皂的作用，是用來平衡其他油脂。佛手柑在與其他精油的完美搭配下，更具有提神醒腦的作用，能使人心情愉快、振作精神，有最迷人的柑橘香就別說了。

　　關節痛的救星就是用這瓶按摩油來輕揉。薰衣草和迷迭香精油能減輕疼痛，而杜松果精油則以促進血液循環和排毒功能著稱。但要記住，懷孕婦女不得使用杜松果精油，只要將它替換成任何你喜愛精油即可。

關節按摩油

材料

50 ml甜杏仁油

6滴薰衣草精油

4滴杜松果精油

2滴迷迭香精油

工具

有密封蓋的暗色或透明玻璃瓶

作法

1 將所有材料倒入密封瓶裡，搖晃均勻。若使用透明玻璃瓶，則需存放在不受日曬的地方，避免精油變質。

2 熱是舒緩關節痛的最佳良方，所以要達到最佳效果的話，就是在泡過熱水澡後，用這個按摩油按摩，之後穿上寬鬆衣物，例如運動服或睡衣，讓全身安穩舒適地放輕鬆。

這是效果極佳的臉部平衡油，各種膚質均適用。玫瑰果油是細緻肌膚的最佳基底油，容易吸收，又不油膩。天竺葵精油能平衡皮脂分泌，並可有效滋潤乾性或混合性肌膚。依蘭依蘭是最具女性魅力、最能帶來感覺的精油，如同天竺葵一般，依蘭依蘭精油也能平衡膚質，適合乾性或混合性肌膚使用。

臉部平衡油

材料

100 ml玫瑰果油

10滴依蘭依蘭精油

4滴天竺葵精油

工具

有密封蓋的暗色或透明玻璃瓶

作法

1. 將所有材料倒入密封瓶裡，均勻搖晃。若使用透明玻璃瓶，則需存放在不受日曬之處，避免精油變質。
2. 每晚睡前使用，如此，睡眠時，皮膚便能將平衡油完全吸收，更能發揮滋養效果。或在身體沐浴完後，皮膚微熱的狀況下使用，效果也不錯。

玫瑰果

玫瑰果油是天然的防腐劑，具有消炎作用。它還有其他功效——早在發現維他命C之前，人們都喝玫瑰果茶來治療一般感冒。

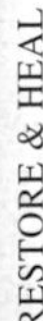

有時我們會曬了過多的陽光，讓皮膚呈現紅腫，或感覺痠痛。此時，這瓶油即可派上用場，它可同時讓皮膚和心理產生鎮定、舒緩的作用。薰衣草精油具有強大的治癒效果，甚至對嚴重燒傷也有效，它能抗菌、消炎，減輕曬傷所產生的疼痛。洋甘菊精油也有消炎、鎮定的效果，另外還能讓身體放鬆，並幫助睡眠。

曬後舒緩油

材料

30 ml甜杏仁油
6滴薰衣草精油
2滴羅馬洋甘菊精油

工具

有密封蓋的暗色或透明玻璃瓶

作法

1、將所有材料倒入密封瓶裡，均勻搖晃。若使用透明玻璃瓶，則需存放在沒有日照之處，避免精油變質。

2、如果你不喜歡在身上抹油，也可滴數滴油在浴缸裡泡澡，好好放鬆一下。用柔軟的毛巾將身體拍乾，再穿上寬鬆的棉質衣服，避免皮膚遭衣服磨擦而疼痛。

傳統的曬傷療法

如果手邊沒有上述材料，可試試傳統方法，將2茶匙的番茄汁和4湯匙的脫脂牛奶（buttermilk）調勻，塗抹在患部，讓它停留半小時後再洗掉。

包裝巧思

本章所介紹的恢復健康產品，最適合採取自然風味的包裝方式，這個方法同樣能呈現時髦風格。可在木製盒或硬紙盒裡，塞入細紙條或拉菲亞草，再放入一束束肉桂棒，或切片、乾燥的水果，如此，更顯出它的與眾不同。手工香皂可用薄膜樹葉或以樹皮包裹後，再束上拉菲亞草裝飾。

大都會文化圖書目錄

●度小月系列

路邊攤賺大錢【搶錢篇】	280元
路邊攤賺大錢2【奇蹟篇】	280元
路邊攤賺大錢3【致富篇】	280元
路邊攤賺大錢4【飾品配件篇】	280元
路邊攤賺大錢5【清涼美食篇】	280元
路邊攤賺大錢6【異國美食篇】	280元
路邊攤賺大錢7【元氣早餐篇】	280元
路邊攤賺大錢8【養生進補篇】	280元
路邊攤賺大錢9【加盟篇】	280元
路邊攤賺大錢10【中部搶錢篇】	280元
路邊攤賺大錢11【賺翻篇】	280元

●DIY系列

路邊攤美食DIY	220元
嚴選台灣小吃DIY	220元
路邊攤超人氣小吃DIY	220元
路邊攤紅不讓美食DIY	220元
路邊攤流行冰品DIY	220元

●流行瘋系列

跟著偶像FUN韓假	260元
女人百分百—男人心中的最愛	180元
哈利波特魔法學院	160元
韓式愛美大作戰	240元
下一個偶像就是你	180元
芙蓉美人泡澡術	220元

●生活大師系列

遠離過敏—打造健康的居家環境	280元
這樣泡澡最健康—紓壓・排毒・瘦身三部曲	220元
兩岸用語快譯通	220元
台灣珍奇廟—發財開運祈福路	280元
魅力野溪溫泉大發見	260元
寵愛你的肌膚—從手工香皂開始	260元
舞動燭光—手工蠟燭的綺麗世界	280元
空間也需要好味道—打造天然香氛的68個妙招	260元
雞尾酒的微醺世界—調出你的私房Lounge Bar風情	250元
野外泡湯趣—魅力野溪溫泉大發見	260元
肌膚也需要放輕鬆—徜徉天然風的43項舒壓體驗	260元

●寵物當家系列

書名	定價	書名	定價
Smart養狗寶典	380元	Smart養貓寶典	380元
貓咪玩具魔法DIY —讓牠快樂起舞的55種方法	220元	愛犬造型魔法書 —讓你的寶貝漂亮一下	260元
漂亮寶貝在你家 —寵物流行精品DIY	220元	我的陽光．我的寶貝 —寵物真情物語	220元
我家有隻麝香豬—養豬完全攻略	220元		

●人物誌系列

書名	定價	書名	定價
現代灰姑娘	199元	黛安娜傳	360元
船上的365天	360元	優雅與狂野—威廉王子	260元
走出城堡的王子	160元	殞逝的英格蘭玫瑰	260元
貝克漢與維多利亞 —新皇族的真實人生	280元	幸運的孩子 —布希王朝的真實故事	250元
瑪丹娜—流行天后的真實畫像	280元	紅塵歲月—三毛的生命戀歌	250元
風華再現—金庸傳	260元	俠骨柔情—古龍的今生今世	250元
她從海上來—張愛玲情愛傳奇	250元	從間諜到總統—普丁傳奇	250元
脫下斗篷的哈利 —丹尼爾．雷德克里夫	220元		

●心靈特區系列

書名	定價	書名	定價
每一片刻都是重生	220元	給大腦洗個澡	220元
成功方與圓—改變一生的處世智慧	220元	轉個彎路更寬	199元
課本上學不到的33條人生經驗	149元	絕對管用的38條職場致勝法則	149元
從窮人進化到富人的29條處事智慧	149元		

●SUCCESS系列			
七大狂銷戰略	220元	打造一整年的好業績 —店面經營的72堂課	200元
超級記憶術 —改變一生的學習方式	199元	管理的鋼盔 —商戰存活與突圍的25個必勝錦囊	200元
搞什麼行銷 —152個商戰關鍵報告	220元	精明人聰明人明白人 —態度決定你的成敗	200元
人脈=錢脈 —改變一生的人際關係經營術	180元	週一清晨的領導課	160元
搶救貧窮大作戰の48條絕對法則	220元	絕對中國製造的58個管理智慧	200元
客人在哪裡？ —決定你業績倍增的關鍵細節	200元	搜驚．搜精．搜金—從Google的致富傳奇中，你學到了什麼？	199元
●都會健康館系列			
秋養生—二十四節氣養生經	220元	春養生—二十四節氣養生經	220元
夏養生—二十四節氣養生經	220元	冬養生—二十四節氣養生經	220元
●CHOICE系列			
入侵鹿耳門	280元	蒲公英與我—聽我說說畫	220元
入侵鹿耳門（新版）	199元	舊時月色（上輯＋下輯）	各180元
●FORTH系列			
印度流浪記—滌盡塵俗的心之旅	220元	胡同面孔—古都北京的人文旅行地圖	280元
尋訪失落的香格里拉	240元		
●FOCUS系列			
中國誠信報告	250元		
●禮物書系列			
印象花園 梵谷	160元	印象花園 莫內	160元
印象花園 高更	160元	印象花園 竇加	160元
印象花園 雷諾瓦	160元	印象花園 大衛	160元
印象花園 畢卡索	160元	印象花園 達文西	160元
印象花園 米開朗基羅	160元	印象花園 拉斐爾	160元
印象花園 林布蘭特	160元	印象花園 米勒	160元
絮語說相思 情有獨鍾	200元		

Home Spa & Bath —
玩美女人肌膚的天然水嫩體驗

作　　者：雪莉・考茲（Cheryl Coutts）
　　　　　艾達・華倫（Ada Warren）
發 行 人：林敬彬
主　　編：楊安瑜
編　　輯：蔡穎如
美術編輯：洸譜創意設計股份有限公司
封面設計：瑞比特創意設計www.rabbits.tw 楊意雯

出　　版：大都會文化　行政院新聞局北市業字第89號
發　　行：大都會文化事業有限公司
　　　　　110台北市信義區基隆路一段432號4樓之9
　　　　　讀者服務專線：（02）27235216
　　　　　讀者服務傳真：（02）27235220
　　　　　電子郵件信箱：metro@ms21.hinet.net
　　　　　大都會網　址：www.metrobook.com.tw

郵政劃撥：14050529 大都會文化事業有限公司
出版日期：2007年7月二版一刷
定　　價：250元

ＩＳＢＮ：978-986-6846-10-6
書　　號：Handmade-02

Metropolitan Culture Enterprise Co., Ltd. 4F-9, Double Hero Bldg., 432, Keelung Rd., Sec. 1,Taipei 110, Taiwan
Tel:+886-2-2723-5216 Fax:+886-2-2723-5220 E-mail:metro@ms21.hinet.net Web-site:www.metrobook.com.tw

First published in 2004 by New Holland Publishers (UK) Ltd

國家圖書館出版品預行編目資料

Home Spa & Bath：玩美女人肌膚的天然水嫩體驗 / 雪莉.考茲(Cheryl Coutts), 艾達.華倫(Ada Warren)著. -- 初版. -- 臺北市：大都會文化, 2007[民96]

面； 公分. -- (Handmade；02)譯自：Natural Bath & Spa

ISBN 978-986-6846-10-6(平裝)

1. 化妝品- 製造 2. 肥皂 – 製造

466.7　　96007008

請沿虛線剪下，對折裝訂後寄回

Home Spa & Bath

玩美女人肌膚的天然水嫩體驗

北 區 郵 政 管 理 局
登記證北台字第9125號
免 貼 郵 票

大都會文化事業有限公司

讀者服務部收

110台北市基隆路一段432號4樓之9

寄回這張服務卡(免貼郵票)

您可以：

◎不定期收到最新出版訊息

◎參加各項回饋優惠活動

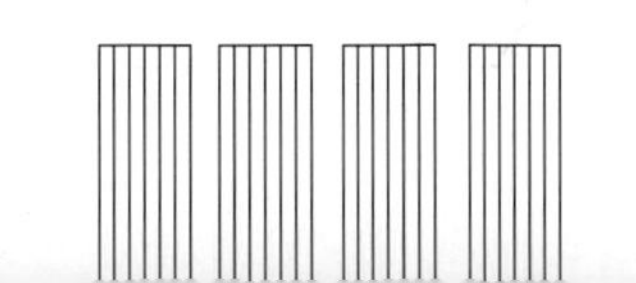

書號：Handmade-02 Home Spa & Bath — 玩美女人肌膚的天然水嫩體驗

A.您在何時購得本書：_____年_____月_____日

B.您在何處購得本書：__________書店，位於__________(市、縣)

C.您購買本書的動機：（可複選）1.□對主題或內容感興趣 2.□工作需要 3.□生活需要 4.□自我進修 5.□內容為流行熱門話題 6.□其他__________________________

D.您最喜歡本書的：（可複選）1.□內容題材 2.□字體大小 3.□翻譯文筆 4.□封面 5.□編排方式 6.□其他__________

E.您認為本書的封面：1.□非常出色 2.□普通 3.□毫不起眼 4.□其他______________

F.您認為本書的編排：1.□非常出色 2.□普通 3.□毫不起眼 4.□其他______________

G.您希望我們出版哪類書籍：（可複選）1.□旅遊 2.□流行文化 3.□生活休閒 4.□美容保養 5.□散文小品 6.□科學新知 7.□藝術音樂 8.□致富理財 9.□工商企管 10.□科幻推理 11.□史哲類 12.□勵志傳記 13.□電影小說 14.□語言學習（___語）15.□幽默諧趣 16.□其他__________________________

H.您對本書(系)的建議：__________________________

____

I.您對本出版社的建議：__________________________

讀者小檔案

姓名：__________________ 性別：□男 □女 生日：_____年_____月_____日

年齡：□20歲以下 □21～30歲 □31～40歲 □41～50歲 □51歲以上

職業：1.□學生 2.□軍公教 3.□大眾傳播 4.□ 服務業 5.□金融業 6.□製造業 7.□資訊業 8.□自由業 9.□家管 10.□退休 11.□其他 __________________________

學歷：□ 國小或以下 □ 國中 □ 高中／高職 □ 大學／大專 □ 研究所以上

通訊地址：__________________________

電話：（H）__________________（O）__________________ 傳真：__________________

行動電話：__________________ E-Mail：__________________________

謝謝您購買本書，也歡迎您加入我們的會員，請上大都會網站www.metrobook.com.tw 登錄您的資料，您將不定期收到最新圖書優惠資訊和電子報。」

大都會文化
METROPOLITAN CULTURE

大都會文化
METROPOLITAN CULTURE